U0332718

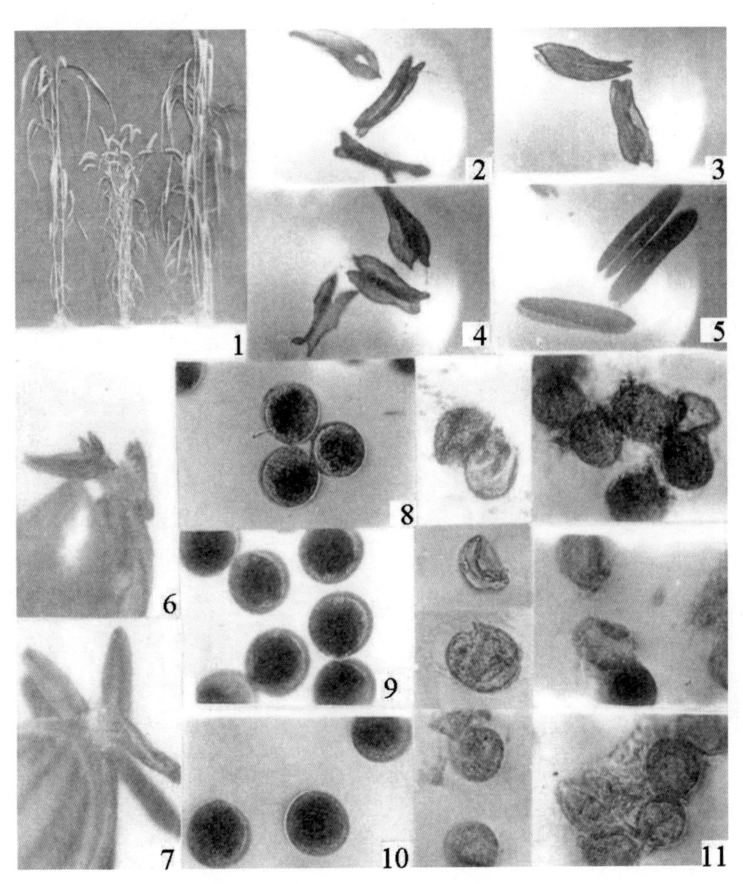

图版Ⅰ　谷子显性雄性不育基因的发现

1. “Ch 型”谷子显性雄性不育材料及其亲本，左：吐鲁番谷，中：澳大利亚谷，右：“Ch”不育材料　2. 澳大利亚谷的花药（3.5×4）　3. 吐鲁番谷的花药（3.5×4）　4. 可育株的花药（3.5×4）　5. 不育株的花药（3.5×4）　6. 可育株的柱头（1×15）　7. 不育株的柱头明显外露（1×16）　8. 澳大利亚谷的花粉（6.7×40）　9. 吐鲁番谷的花粉（6.7×40）　10. 可育株的花粉（6.7×40）　11. 不育株的花粉（6.7×40）

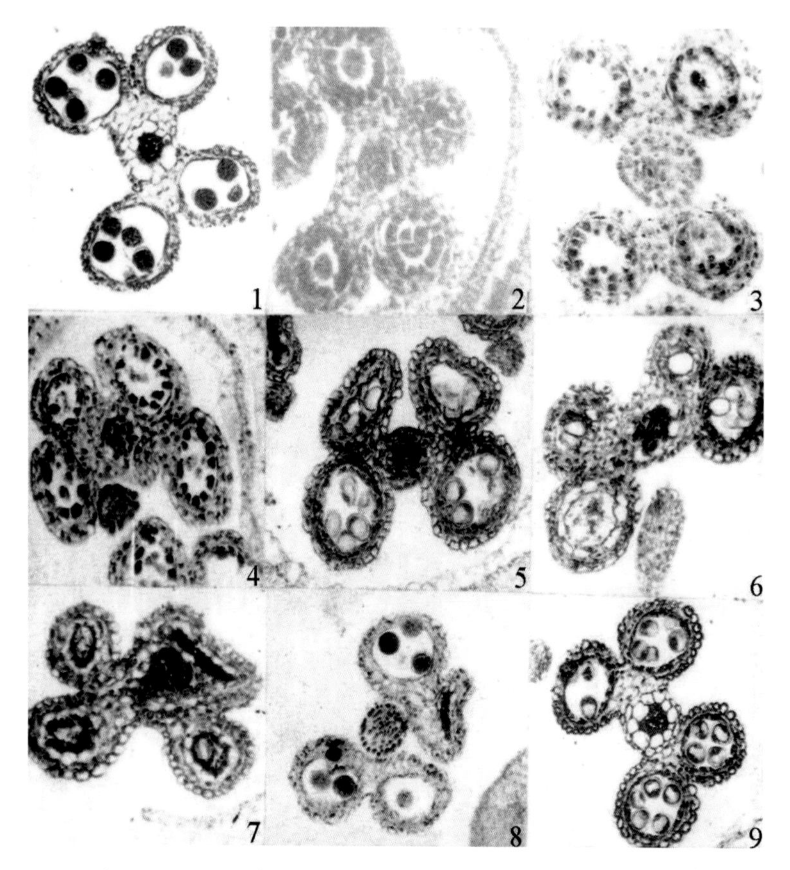

图版Ⅱ　“Ch 型”谷子显性核不育花药发育的细胞形态学观察

（刁现民等：谷子 Ch 型显性雄性核不育花药发育的细胞形态学研究）

1. 杂合株开花期花药横切，药隔及花粉发育均正常（×140）　2. 纯合株早期的药室异常（×320）　3. 纯合株小孢子母细胞的解体和绒毡层异常（×312）　4. 示纯合株减数分裂后小孢子解体和绒毡层紊乱（×140）　5. 纯合株小孢子期的败育表现及药隔异常（×120）　6. 示纯合株药室内细胞退化后的壁细胞异常和药隔异常（×132）　7. 开花期纯合株花药横切，药隔异常，药室皱缩（×130）　8. 具正常可育花粉的纯合株花药（×110）　9. 纯合的药隔及花粉发育正常的花药（×164）

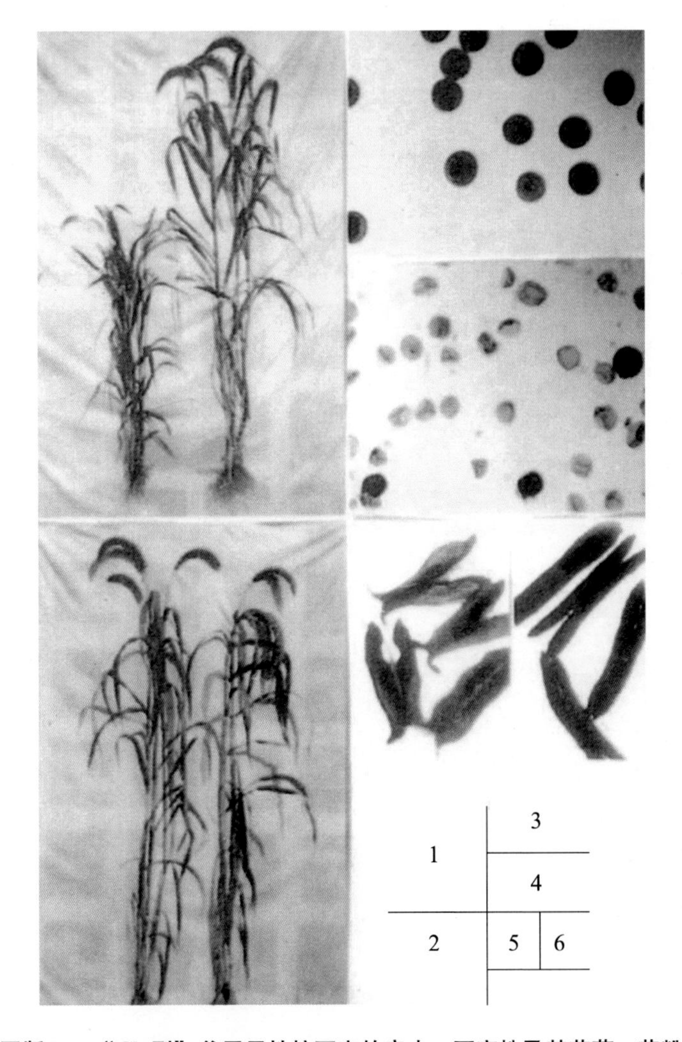

图版Ⅲ　“Ch 型”谷子显性核不育的亲本，不育株及其花药、花粉

1. 澳大利亚谷、吐鲁番谷　2. “Ch”型不育材料　左：不育株　右：可育株　3. 可育株花粉（正常）　4. 不育株花粉（败育、内含部分可育花粉）　5. 可育株花药（正常开裂散粉）　6. 不育株花药（不开裂、不散粉）

图版Ⅳ　“Ch 型”谷子显性核不育纯合不育株主穗和分蘖穗收获后，再生穗和分枝穗生长情况（海南三亚荔枝沟南繁基地）

图版Ⅴ　“Ch 型”谷子显性核不育纯合不育株在海南三亚出现节上分枝

图版Ⅵ　“Ch型”谷子显性核不育纯合不育系选育现场

（海南三亚荔枝沟南繁基地）

"谷子核显性基因互作不育系三系配套"鉴定意见

胡洪凯等同志在吐鲁番谷×澳大利亚谷的杂交组合后代中发现显性核不育基因 Ms^{ch}，后又从澳大利亚谷中发现上位性恢复基因 Rf。从杂交后代可育与不育比例的遗传分析中证明 Ms^{ch} 与 Rf 这两个基因在澳大利亚谷中呈连锁着的，交换值平均为22%。这就解释了在杂交原组合的后代中为什么只出现很少的，又是显性的不育植株的遗传原因。

在海南岛南繁加代中发现 Ms^{ch} 不育株在冬季特殊条件下有一部分花药能够散粉，这就为自交和分离出纯合显性不育系创造了可能性。将这些实验结果运用于育种实践，就使他们创造出在谷子中可用于生产杂交谷子的特殊的三系：不育系 $Ms^{ch}Ms^{ch}rfrf$，保持系 $ms^{ch}ms^{ch}rfrf$（一般谷子的一种基因型），和恢复系——RfRf（Ms^{ch} 或 ms^{ch} 都不影响 Rf 的恢复功能）。在测交中发现杂种优势强的组合，只要经过一些必要的转育手续，就可以运用这一套三系进行制种。因之，这一套三系，既有新意，又有实用价值。

如能进一步弄清使不育系 $Ms^{ch}ms^{ch}$ 或 $Ms^{ch}Ms^{ch}$ 散粉的必需条件，就可用人工的方法，满足这些条件而能够在任何地方都能繁殖 $Ms^{ch}Ms^{ch}$ 原种，不必花钱到海南岛南繁。这一研究

中国农业科学院 作物育种栽培研究所

可纳入下一阶段的科研计划中。

从应用的角度来说，下一阶段的研究重点，应当找出强优势组合，试用这套三系进行制种、区试、示范、推广，从生产实践上证明它的经济效益和社会效益。

鲍文奎

1990年9月14日.北京

中国　北京
中国农业科学院作物育种栽培研究所
INSTITUTE OF CROP BREEDING AND CULTIVATION
CHINESE ACADEMY OF AGRICULTURAL SCIENCES
30, Bai Shi Qiao Lu, West Suburbs, Beijing－100081
PEOPLE'S REPUBLIC OF CHINA

"谷子核显性基因互作雄性不育三系配套"研究成功是国内外首创的阶段性成果。从几年的实验数据看来，可以确定是核基因互作型的显性核不育体系，与细胞质无关。其不育性是受两对显性的连锁基因Ms-和Rf-上位互作控制的，Rf对Ms是上位的，能抑制后者的表达，使不育恢复为可育。有了"纯合一型"、"同型可育"和"纯合上位"三系配套并了解其遗传机制，对实现谷子杂种优势在生产上利用又接近了一大步。

这项研究在实践和理论上都有重要意义。它为核不育的利用展示了一条新的途径，比"两系法"方便得多；它的开发潜力不亚于甚至超过核质互作雄性不育性的应用。这是一项突破性进展，建议做为优异成果上报。

希望在进一步验证此种机理的基础上，加强不育基因和上位基因的转育，培育成优良三系并尽快确定可最优组合应用于生产；同时继续弄清这两对基因的交换率和研究这两基因在不同光温条件下的表达规律，以便把杂种谷子的生产利用建立在扎实可靠的科学基础上。（附表二最后一页第一栏中的基因型大概打印错了。）

庄巧生

1990年9月12日 于北京寓所

附彩图 4.1　2012 年“7·21”通州区张家湾镇暴雨内涝

附彩图 4.2　2012 年“7·21”通州区张家湾镇大风过后的玉米地

附彩图 4.3　2009 年通州区永乐店镇孔庄某民房遭受雷击致使电器损坏

附彩图 4.4　大雪过后

附彩图 4.5　霾

北京市气象灾害预警信号

暴雨预警信号

暴雪预警信号

寒潮预警信号

大风预警信号

基因互作型
显性核不育谷子

胡洪凯 著

中国农业科学技术出版社

图书在版编目（CIP）数据

基因互作型显性核不育谷子 / 胡洪凯著．—北京：中国农业科学技术出版社，2016. 12

ISBN 978-7-5116-2948-7

Ⅰ．①基…　Ⅱ．①胡…　Ⅲ．①小米－基因互作－细胞核雄性不育　Ⅳ．①S515. 035. 1

中国版本图书馆 CIP 数据核字（2017）第 003209 号

责任编辑　于建慧
责任校对　李向荣

出版发行　中国农业科学技术出版社
　　　　　北京市海淀区中关村南大街 12 号　邮编：100081
电　　话　（010）82109194（编辑室）（010）82109704（发行部）
　　　　　（010）82106626（读者服务部）
传　　真　（010）82106631
社 网 址　http://www.castp.cn
经　　销　各地新华书店
印　　刷　北京富泰印刷有限责任公司
开　　本　880mm×1230mm　1/32
印　　张　5　　彩　图　8
字　　数　109 千字
版　　次　2016 年 12 月第 1 版　2016 年 12 月第 1 次印刷
定　　价　30. 00 元

内容简介

本书详尽地介绍了在我国赤峰首次发现的谷子显性雄性不育基因“Ms^{ch}”和显性上位基因“Rf”及其上位互作遗传规律和新“三系法”杂交制种体系，提出基因互作型雄性不育的遗传模式、研究方法和典型实例。

同时，作者还简要介绍了显性核不育基因起源的新理论和显性核不育的细胞质转换、不育株花药发育的细胞形态学观察、不育株开花与生态、显性核不育体系的过氧化物酶同功酶分析、显性核不育基因与显性上位基因的分子标记等方面的初步研究。

可供植物遗传育种专业研究人员、大专院校教师和研究生、大学生参考。

本书关键词

谷子；显性核不育基因；显性上位基因；基因互作型显性核不育；显性核不育纯合一型系；隐性纯合可育系；显性纯合上位系；显性核不育杂合一型系；显性核不育“三系配套制种法”；群体改良；花药“开裂腔”；基因起源；细胞质转换……

序一

拿到胡洪凯先生寄来的沉甸甸的书稿时，我感触很深，一位年过八十的老者还为自己喜爱的工作默默耕耘，把自己多年的研究成果编撰成书，留给后人，非常值得赞颂。比起近些年出版的大量东拼西凑或拉郎配式的“编著”，以及为了做“主编”而滥出的众多论文集，这部《基因互作型显性核不育谷子》专著显得犹为珍贵。我细读了全部书稿，受益匪浅。

作物细胞核雄性不育，简称核不育，是常见的自然现象。我国是发现作物核不育材料最多的国家，但有理论研究价值和应用潜力的不育材料为数不多，太谷核不育小麦、湖北光温敏水稻、赤峰显性核不育谷子是这些材料的代表。赤峰显性核不育谷子，是一份基因互作型雄性不育材料，其育性受两对显性基因互作控制，一个是显性不育基因 *Ms*，一个是显性上位基因 *Rf*，后者可以抑制前者育性的表达。当二者同时存在时，表现正常可育；当 *Ms* 单独存在时，表现雄性不育。这种遗传体系的材料报道极少，基因互作型显性核不育谷子是首次发现。雄性不育基因 *Ms* 与上位基因 *Rf* 都来自澳大利亚谷，这是一个非常有趣的现象。在植物进化的过程中由于基因突变而出现雄性不育。对于自花授粉作物来说，雄性不育是不利于自身物种繁衍的有害性状，为了生存，“上帝”赐给它一个 *Rf* 基因相伴随。现代人们用有性杂交进行品种改良时，为 *Ms* 与 *Rf* 两个基因分开创造了条件，在杂交后代中就会出现雄性不育株。因此，“凡是在杂交后代中出现的显性核不育，一般都能够找到恢复系，其恢复源来自提供显性不育基因的那个亲本。”显性核不育材料的后代总是分离出一半雄性不育株与一半雄性可育株，难以用于杂种优势生产，但赤峰显性核不育谷子是个例外。首先，它有一个能够恢复育性的上位基因 *Rf*，解决了育性恢复问题。还有，它的不育株花粉败育不彻底，花药内有部分发育正常的有效花粉，但在北方谷子产区内花药始终不开裂、不散粉，造成不结实，而在特定的地理生态条件下（例如，在海南岛），部分花药开裂散粉，能产生6%～10%的自交种子，从而可以培育出显性核不育纯合一型系和显性核不育杂合一型系。有了上述两个条件，就可以实现利用“三系法”或“两系法”生产 F_1 杂交种的目标。

《基因互作型显性核不育谷子》一书详细介绍了赤峰显性核不育谷子的发现、遗传模式、显性核不育基因起源、胞质转换和杂种优势利用模式等内容，有理论，有实践，文字通俗易懂，说理逻辑性强，可供植物遗传育种专业研究人员、大专院校教师和研究生、大学生参考。

刘秉华

二零一六年十月于北京

序二

衷心祝贺胡洪凯先生的专著《基因互作型显性核不育谷子》一书的出版。这是植物遗传学界、作物杂优育种学界和谷子学界的一幸事好事，幸就幸在胡先生虽已耄耋之年，但不辞辛劳，把自己多年的研究成果及相关资料加以系统整理和总结，编撰成书出版；好就好在这本专著是学界一份弥足珍贵的财富，也是胡先生对社会和后人的又一重要贡献！

1966 年，延安农科所发现谷子雄性不育现象，继后育成由隐性单基因控制的谷子延型不育系，20 世纪 70 年代初又将不育系种子分发给全国 34 个谷子科研单位，引发了一场谷子杂优研究的热潮。1973 年，由农业部组织，延安农科所牵头成立了全国谷子杂优研究协作组，1986—1995 年谷子杂优研究两次被纳入国家育种攻关计划，此期间，全国育成了一批谷子不育系（包括高度雄性不育系、显性核不育系、光敏不育系和 Ve 不育系）。

胡洪凯先生所在的赤峰市农科所始终是谷子杂优研究

的中坚力量。胡先生带领他的课题组，在经费人力严重不足、设备和条件极为简陋的情况下，经20多年南繁北育的艰苦努力，锲而不舍地钻研和创新，攻克一个又一个技术难关，终于发现谷子显性雄性不育基因*Ms*和相应的显性上位基因*Rf*及其上位互作遗传体系，1990年实现显性核不育“三系制种法”配套，并通过农业部科技教育司组织的鉴定。1999年获得国家自然科学奖四等奖。

我细读了这部专著之后，恭谨地向读者推荐本书三大亮点：

第一，遗传学方面，在自然界发现一个不育现象并不难，难就难在要通过自交、杂交、回交等一系列的遗传试验，多年多代的细致观察，取得大量可靠的数据才能确认不育性的遗传本质。显性核不育在自然界本来就是极为稀少的，同时又伴随存在一个显性上位基因，这样的遗传体系更是少之又少，而且在这个体系中的显性不育基因和显性上位基因既互作又连锁，是迄今植物界的首例报道。为了解读这一体系的遗传机制，必需严谨的实验设计、细致的观察记载、合乎逻辑的推理判断，还要有年复一年耐心等待的毅力，因此，可以肯定地说，显性核不育基因*Ms*和上位基因*R*f及其互作遗传体系的发现与研究，在遗传理论和试验方法上都是十分珍贵的。

第二，育种学方面，显性核不育杂交一代恒定分离出一半可育株，它找不到保持系，无法进行大面积制种，如何获得制种用的全不育群体，是显性核不育在杂优应用上极难逾越的一道坎。小麦显性核不育设计出以蓝粒小麦的蓝色基因与显性核不育基因发生紧密连锁，以种子颜色作为指示性状来区分不育和可育种子，而得到100%的不育株(还必需借助于机械的自动作业)。甘蓝型油菜和大白菜则利用“两型系”或“两用系”制种，但必需在开花前将不育系繁殖田或制种田中的50%可育株用人工拔除干净。那么，胡洪凯他们是怎么育成全不育群体的呢？还有，显性核不育找不到恢复系，无法生产出杂交种。这是显性核不育在杂优利用中更高的一道坎。著名的“矮败”小麦，它的不育性受显性单基因控制，目前还尚未解决育性恢复问题，因此不能直接用于杂种优势育种中。那么，胡洪凯他们又是怎样攻克这一道难关的呢？读者可以阅读本书的第四章，全面了解显性核不育“三系制种法”和“两系制种法”，就会知晓其设计之精、方法之妙，怎样从理论探索一步一步达到实际应用，从而打破遗传学界认为显性核不育不能在杂种优势中应用的传统观念，达到显性核不育杂优利用的国际领先水平。

第三，学风方面，本书是谷子雄性不育和杂种优势利用研究领域中的第一部专著，作者从发现显性雄性不育现象入手，逐步深入研究，揭示了谷子显性核不育基因 *Ms* 和显性上位基因 *Rf* 的遗传特点及其上位互作连锁遗传关系，经过大量和多年反复试验，最终把显性核不育应用在生产实践上，这是作者理论联系实际、务真求实的结果。从全书中可以看出作者治学态度十分严谨，每一步试验都经过周密思考和精心设计，观察记载细致连贯，数据翔实可靠，推理符合逻辑，结论正确可信。作者严肃认真，不弄虚假，务真求实，虚心探索，勇于攀登，孜孜不倦的学风，很值得赞扬和效法。

这本专著，荷载非轻，精粹集成，值得一读！

朱光琴

二零一六年十月于杨凌

前　言

1972年，我有幸回到农业科研的工作岗位上，从搞了10年的旱作农业领域回到作物谷子育种。是年冬，我初次来到海南岛南繁育种基地的“团部农场”，在这里，我听了袁隆平先生关于杂交水稻的学术报告，初次接触到朱光琴先生发现并育成的国内第一份谷子隐性核不育材料“延安竹叶青”，激发了我对谷子“杂种优势利用”研究的浓厚兴趣，并开始了研究谷子雄性不育和杂种优势利用的经历。

在对原有的谷子不育材料进行研究但无进展之后，1975—1976年，按“核质互作”雄性不育系选育的传统方法，我们先后组配了“澳大利亚谷×吐鲁番谷”“澳大利亚谷×小红苗”等十几个不同生态类型品种间的杂交组合，期望得到谷子核质互作雄性不育。1978年夏，在“澳大利亚谷×吐鲁番谷”的杂交后代中，得到原始不育系“78182”；1979年，用“78182”的可育姐妹系与不育株进行大量测交，得到使其育性恢复可育的恢复源“181－5”；

通过对“78182”不育材料的遗传分析和对恢复性的遗传追踪，1984 年，首次发现谷子显性核不育基因 Ms^{ch}。此后，对 Ms^{ch} 的遗传行为及其表现进行了细致观察与深入研究，提出“基因互作型”显性核不育的遗传假说及其遗传模式，以及“显性核不育纯合一型系、隐性纯合可育系、显性纯合上位系”配套的“三系制种法”设想。1989 年冬，在南繁中获得首批 4 个显性核不育纯合一型系，实现了显性核不育的“三系配套”，巧妙地解决了显性核不育不能直接在杂种优势利用中应用的难题。1990 年秋，通过农业部科技教育司组织的，由鲍文奎、庄巧生（两位提出书面鉴定意见）、王培田、戴景瑞、黄铁城、朱光琴、刘秉华、陈洪斌等组成的专家委员会对“谷子核显性基因互作不育系三系配套”的鉴定。1999 年，获得国家自然科学奖四等奖。

这本《基因互作型显性核不育谷子》，实际上是一篇扩大了的“研究报告”，是作者及助手们在 20 世纪末经过 20 余年的努力，完成的一个研究项目。本书是以科研成果为主线，在作者多年来发表的科研论文、研究报告、专题论述、学术讨论的基础上，补充了部分未发表过的新资料，并引入国内其他研究者已发表的一些针对赤峰显性核不育谷子的研究资料编撰而成。编撰此书的一个目的是想把零星分散的资料集在一起，以便流传。全书写了 12 章，比较详尽地介绍了在我国赤峰首次发现的谷子基因互作型显性核不育及其遗传规律和应用体系，提出基因互作型显性核不育的遗传模式、研究方法和典型实例。同时，还介绍了显性核不育基因起源的新理论和显性核不育的细胞质转换、不育株花药发育的细胞形态学观察、不育株开花与生态条件的关系、显性核不育体系的过氧化物酶同功酶分析、显性核不育基因与显性上位基因的分子标记等方面的初步研究。书末还全文收入作者在20世纪末发表的《关于我国作物显性核不育研究的现状》一文。

在这项研究中，曾得到一批德高学博的专家的大力帮助和鼓励，如：已故的鲍文奎先生不仅多次提出指导意见，还对我的咨询信每次必复；庄巧生先生多次用文字客观评价的方式对我进行鼓励，特别让我难忘的是，他在出差途中得知我们的成果“谷子显性雄性不育基因的发现”通过鉴定的消息后，立即以《作物学报》主编的名义向我发出“征稿函”，并亲自审稿；王培田、刘秉华先生不仅多次亲临现场指导，还把自己的看法写成论文和我交流；朱光琴先生更是不忌同行，在专业业务上多年给我指点；我的母校老校长刘大钧先生也多次来信鼓励我；莫惠栋先生两次赠书，并在生物统计上的某些专题给予指导。国家“七五”“八五”攻关谷子育种课题总主持人李东辉先生（已故）对我的研究进展十分关心，多次亲临南繁现场考察和指导。在这里，我向这些先生们致以最真挚的感谢！

我很感谢王天宇、黎裕、石云素、陆平、刁现民、赵治海等在某些领域的合作和提供资料。

我十分感谢石艳华、王朝斌、闫玉、赵虎臣、于学文、韩文奎、张国栋、于占彬等同志，在我课题组内辛勤的工作，为取得成果付出努力。

我还要感谢谢德绅（已故）、姚颖民、李有（已故）、霍仲文、贺汀山、孙鹤雏、钱文斗等同志在科研管理上给我提供的帮助。

这本册子能正式出版，这和我的南京农业大学（当时称“南京农学院”）61届同班校友、福建农林大学小麦育种教授刘思衡先生在撰写和出版过程中对我的鼓励和督促是分不开的，我在此真挚地感谢。

由于作者知识浅薄，此册子谬误难免，敬请指教！

胡洪凯

二零一六年国庆节于赤峰

目 录

第一章
国内外谷子杂种优势利用研究的历史和现状

谷子起源于中国。它耐旱、耐瘠，适应性广，营养丰富，是旱作农业的支柱作物，也是干旱地区的主要粮食作物。全国种植面积历史上最高曾达1.5亿亩（15亩=1公顷。全书同）。主要分布在“三北”干旱少雨地区，以山西、内蒙古自治区（以下简称内蒙古）东部、河北省北部、陕西北部、辽宁西部等地区最为集中，河南、山东、吉林、黑龙江、甘肃等省都有大面积种植。但谷子产量较低。20世纪60—70年代以后，随着杂交玉米、杂交高粱的推广，谷子在水肥条件较好的农田上迅速退出，面积和产量都急剧下降，而沦为“小作物”。当今，干旱加剧，水资源匮乏，缺水严重，成了影响经济发展和改善民生的严重障碍。因此，发展旱作节水农业，节约用水，保护水资源，在干旱少雨地区恢复和发展谷子生产是一项具有战略意义的迫切任务。

作物杂种优势利用是提高作物产量、改进作物品质的主要途径之一。谷子杂种优势利用研究从20世纪60年代末开始受到各方面的重视。

自花授粉作物的杂种优势利用，首先必需要有雄性不育系。在国外，1942 年，Takahahi N，首次报道了受一对隐性核基因 ss 控制的谷子不育材料，此后半个多世纪中，再未见到类似的报道。在国内，早在 1967 年，朱光琴等在宣化竹叶青品种中发现谷子雄性不育现象，育成我国第一份谷子雄性不育材料“延安竹叶青”，经过遗传分析证实该不育材料是受隐性单基因控制的，并研究了其全不育类型的母本繁殖和制种技术。“谷子延型雄性不育系的选育及两系法制种”于 1978 年获陕西省科学大会奖，但因其全不育类型的母本繁殖难度大，未能在生产上得以应用。

1968 年，中国科学院遗传研究所用化学诱变的方法育成水里混雄性不育系，这是一个异交率较高的隐性核不育材料。

1969 年，河北省张家口地区（坝下）农业科学研究所崔文生等从红苗蒜皮白谷田中发现雄不育株，育成高度雄性不育系“蒜系 28”，其不育性受一对隐性主效基因控制，并有修饰基因的作用，不育株有 5% 左右的自交结实率，其后代仍是雄性不育株。这种高度雄性不育系的母本繁殖起来十分简便，恢复系多，但它也找不到保持系，然而它的两系利用曾在生产中有过“蒜系 28 × 张农 10 号”等高产组合和数万亩生产示范面积。

此后，一些科研单位通过品种间杂交、理化处理又育成了 338A、不育 1 号、大莠、金大 A、1005 等数十个隐性核不育系。

1972年春，在全国谷子科研工作会议上开始蕴酿组织全国谷子杂优研究协作。1973年，全国谷子杂优研究协作组在农业部领导下由延安农业科学研究所和坝下农业科学研究所牵头正式组成。协作组组织了多种协作活动，建立了全国谷子雄性不育资源圃，并参照高粱、水稻制定了谷子的三系标准。1974年年末统计，全国谷子雄性不育系已有40多个，测配品种3000多个，但都未能找到保持系。

1984年，胡洪凯等在澳大利亚谷×吐鲁番谷的杂交后代中发现显性雄性不育基因 Ms^{ch} 及其上位性恢复基因 *Rf*（即显性上位基因），解决了显性核不育材料的育性恢复难题，揭开谷子杂种优势利用研究新的一页。1990年，他们又育成了显性核不育纯合一型系，解决了不育系的繁种和杂交种制种问题，实现以“显性核不育纯合一型系、隐性纯合可育系和显性纯合上位系”配套的显性核不育“三系”制种法，首次实现显性核不育材料的“三系配套”，并选出可应用于生产的强优势组合“360”，使我国作物显性核不育的研究和应用达到世界领先水平。这项研究获得内蒙古自治区科学技术进步奖一等奖和国家发明专利，1999年获得国家自然科学奖四等奖。

1989年，崔文生等首次发现谷子光（温）敏核不育材料，继后育成光敏临界期和光敏转换稳定的光敏不育系

292A，它在长日照下（14.5 小时）为不育，不育率为 100%，不育度为 99.4%；在短日照（11.2 小时）下为可育，结实正常，其育性转换稳定。同时育成比对照增产 14.5% 光敏两系杂交种 292/490×材 80。光敏不育系的育成为谷子杂种优势利用开辟了又一条新途径。由于光敏不育系繁种制种简便，恢复系广，更有应用前途。但是，它的 F_1 代受到天然自交的干扰，杂交种子的纯度不高，苗期去杂难，费工、费时、费力，增加了谷子栽培的难度，因此，制约了谷子杂种优势利用技术的推广，给实际应用带来了一定的障碍。

20 世纪 90 年代初，朱光琴等育成一个具有明显细胞质型雄性不育特征的不育系——Ve 型不育系，它是以轮生狗尾草四倍体种为母本，以谷子同源四倍体种为父本进行杂交，再以谷子二倍体种回交 9 代，完成核代换而育成一个异源细胞质雄性不育系，1 558 株的群体其不育株率为 90.02% ~ 100%，不育度为 93.51% ~ 100%。经 30 多个品种测交，其 F_1 均表现为雄性不育，其不育率和不育度都在 60% ~ 90%，回交父本品种不同，差异明显。

1986—1995 年，谷子杂种优势利用研究被纳入国家“七五”“八五”农作物育种攻关计划，此间，实现“基因互作型”显性核不育的新“三系配套”，并通过国家成果鉴定。

1991 年，刘秉华通过对太谷核不育小麦的显性不育单基因 *Ms*2 和谷子显性核不育基因"Ms^{ch}"的研究，首次提出显性核不育基因起源的新理论；1994 年，朱光琴等首次完成 Ms^{ch} 的细胞质转换，获得既具有狗尾草细胞质又携带显性核不育基因的新核质杂种，为不育系的选育创造了一个不可多得的工具。

1999 年，王天宇等发现谷子显性抗除草剂（拿捕净[①]）基因 *SR*，并把这个基因转到谷子栽培品种上，得到显性专抗除草剂（拿捕净）的抗源 SR3522。

21 世纪初，赵治海等通过恢复系和抗源 SR3522 杂交与回交，把显性抗除草剂基因转到杂交组合的父本（恢复系）上，使配出来的杂交种种子中，凡是真的 F_1 种子都具有抗除草剂拿捕净的特性，而自交种子没有这种特性。生产上通过用一定剂量的拿捕净拌种，就把自交种子杀死在土壤中，却不影响杂交种子发芽、出苗、生长；或者在谷苗七叶期（间苗前）在谷田喷洒除草剂拿捕净，则自交苗死亡，却不影响杂交苗生长（除草剂拿捕净对人畜低毒，半衰期短，15 天左右，不影响下茬）。实践证明，此法能够完美地解决高不育系或光敏不育系在制种时由于不育株自交结实所造成的种子混杂问题，而在谷子大田生产中不需要再用人工"去伪存真"。赵治海等于 2006 年推出"张

---

① 拿捕净，通用名烯禾啶。以下通称拿捕净

杂谷”系列谷子杂交种，增产增收显著，深受农民欢迎，创造了巨大经济效益和社会效益。并受到联合国粮农组织的关注，引入非洲埃赛俄比亚、乌干达、尼日利亚、纳米比亚等干旱国家种植，比当地的主要粮食作物显著增产。从此，我国制研的杂交谷子开始走向世界。

第二章

谷子显性核不育基因“Ms^{ch}”的发现

第一节

原始不育材料的获得

1976年冬，内蒙古自治区赤峰市农业科学研究所胡洪凯在海南岛三亚组配“澳大利亚谷×吐鲁番谷”的杂交组合。其父母本存在显著差异（图版1-1：中：澳大利亚谷，左：吐鲁番谷）。母本澳大利亚谷来自大洋洲。幼苗、成株均为绿色，植株茎纤细，主茎高85cm左右，主穗长13.5cm左右、纺锤形、刺毛长、穗码中紧。籽粒呈长圆形，黄谷黄米，千粒重2.9g。分蘖力极强，纯合不育株在海南岛出现节上分枝，分枝能成穗；种皮光滑，且有光泽，成熟后易落粒。生育期85天。这些生物学性状都说明澳大利亚谷是一个“野生性”很强（或称“半野生型”）的栽培品种，在澳洲仅作牧草利用。父本吐鲁番谷是一个来自我国新疆维吾尔自治区（以下简称新疆）吐鲁番地区的农家品种，具有黄土高原类型谷子的特征特性。幼苗、成株均为绿色，单秆型，主茎高165cm，穗长23cm左右，刺毛中长，白谷黄米，千粒重3.1g，生育期115天。父母本都是从中国农业科学院原品种资源研究所引入。

1977 年夏，在赤峰种植 F_1，得到 12 株真杂种。1977 年冬，在海南岛三亚种植 F_2，成 12 个株行，每行约 30 株，当季花期未观察其育性，收获期在 12 个株行中不等量地选留了 68 个结实率极低但发育正常的单穗[①]。1978 年夏，在赤峰种植 F_3，成 68 个穗行，每行约 40 株。花期发现 11 个穗行出现不育株。其中“78182”穗行中出现 28 株不育株，12 株可育株。当时对这 28 个不育株进行了详细的观察记载，并每株选用其分蘖穗在开花前套袋，用作自交和杂交配对，以便观察自交和杂交后代的育性表现。

“78182”不育株，幼苗、成株均为绿色，穗呈纺锤形、长刺毛、穗长约 30cm，主茎高 160cm，生育期 115 天左右。分蘖力强，主茎和分蘖的育性一致。在赤峰不育株单株之间的育性没有中间类型。花药呈橘黄色，大小正常。纯合不育株花药内含 11.7% 左右的圆形饱满可染花粉（图版1-11），但花药始终不开裂不散粉（图版 1-5，7），自交结实率 0.6% 左右；而在一些纬度低于 21°的南方（如湛江、通什、三亚）种植，不育株的花药部分开裂，能得到 6% ~ 10% 的自交种子。它的雌蕊发育正常，柱头外露明显（图版 1-6，7），生活力强（开花后一周，柱头仍有授粉受精

① 根据不育株在低纬度地区部分花药开裂能少量结实的特点推测，F_2 就已出现部分不育株

能力），自由授粉结实率可达 80% 以上。可育株花药正常开裂散粉，散粉后呈灰褐色，残留在颖外，自交正常结实，和不育株区别明显（图版 1-4，6）。

第二节

不育性状的分离表现

一、不育株自交后代的育性表现

表 2-1 的资料表明：

表 2-1　不育株自交后代的育性表现

交配方式	年份	试验地点	世代	总株数	不育株数	可育株数	不育株%	可育株%	x^2（p 3：1）	种子来源
不育株自交	1982	赤峰大田	S_1	293	211	82	72.0	28.0	1.393	通什
	1984	赤峰大田	S_1	253	186	67	73.5	26.5	0.296	湛江
	1984（冬）	海南三亚	S_1	428	321	107	75.0	25.0	0.0	通什
	1985	赤峰大田	S_1	1 171	861	310	73.5	26.5	1.355	三亚
	累计			2 145	1579	566	73.6	26.4	2.200	

无论是来自海南岛（三亚、通什）或来自湛江的不育株自交种子，在赤峰和海南岛种植，后代的育性分离比例都为 3（不育）：1（可育）。

二、不育株杂交后代的育性表现

表2-2的资料表明：

1. 不育株自由授粉

不同年度收获的不育株自由授粉的种子，在不同年份种植，其后代的育性分离比例均为1∶1。

2. 不育株×可育株（姐妹交）

不育株或与同系内的可育株或与姐妹系间的可育株杂交，其后代的育性分离比例均为1∶1。

3. 测交和回交

先后用跃进4号等400多个谷子普通品种和不同来源的不育株系测交，F_1都出现育性分离，分离比例均为1∶1。再选一些有代表性的品种进行回交，回交后代的育性分离比例也是1∶1。

4. 用原父本吐鲁番谷连续成对回交

历经7个遗传世代，B_2F_1和B_7F_1的育性分离比例为1∶1；B_1F_1、B_3F_1、B_4F_1和B_5F_1的不育株率都显著增高，其P（1∶1）的x^2值都大大超过极显著差异标准，这是由于南繁增代中不育株部分自交结实的干扰所造成的。在理论上讲，南繁一次，将连续干扰在赤峰种植的两个世代，即在赤峰第一次种植，出现的不育株率应为50%～75%；第二次种

表 2-2　不育株杂交后代的育性表现

交配方式	年份	试验地点	世代	总株数	不育株数	可育株数	不育株%	可育株%	x^2（p 1∶1）	备注
不育株自由授粉	1982	赤峰大田	F_1	90	40	50	44.4	55.6	1.111	1981 年赤峰收的种子
	1984	赤峰大田	F_1	309	141	168	45.6	54.4	2.350	1981 年赤峰收的种子
	1984	赤峰大田	F_1	1 569	794	775	50.6	49.4	0.230	1983 年赤峰收的种子
	累计			1 968	975	993	49.5	50.5	0.165	
不育株×可育株（姊妹交）	1979	赤峰大田	F_1	576	290	286	50.4	49.6	0.028	系群内姊妹交
	1984	赤峰温室	F_1	249	137	112	55.0	45.0	2.512	系群内姊妹交
	1979	赤峰大田	F_1	456	245	211	53.7	46.3	2.535	系群间姊妹交
	1984	赤峰大田	F_1	871	457	414	52.5	47.5	2.123	系群间姊妹交
	累计			2 152	1 129	1 023	52.5	47.5	5.221*	
不育株×普通品种	1980—1983	赤峰大田	F_1	3 935	1 971	1 964	50.1	49.9	0.012	普通品种：如跃进 4 号等近 400 份材料
	1984	赤峰大田	F_1	1 935	932	1 003	48.2	51.8	2.605	
	累计			5 870	2 903	2 967	49.5	50.5	0.689	
回交	1981	赤峰大田	B_1F_1	367	185	182	50.4	49.6	0.025	选用部分品种回交

（续表）

交配方式	年份	试验地点	世代	总株数	不育株数	可育株数	不育株%	可育株%	χ^2（p 3：1）	备注
不育株×吐鲁番谷（原父本连续回交）	1979	赤峰大田	B_1F_1	1 967	1 146	821	53.5	41.7	53.699**	种子全部来自海南
	1980（春）	三亚	B_2F_1	3 324	1 712	1 612	51.5	48.5	3.008	种子全部来自赤峰
	1980	赤峰大田	B_3F_1	2 921	2 211	710	75.6	24.4	771.312**	种子全部来自海南
	1981	赤峰大田	B_4F_1	11 248	7 190	4 058	63.9	36.1	872.104**	种子全部来自海南，部分来自赤峰
				11 055	7 093	3 962	64.2	35.8	866.763**	种子全部来自海南，部分来自赤峰
				163	97	96	50.3	49.7	0.005	种子全部来自赤峰
	1982	赤峰大田	B_5F_1	8 122	4 193	3 929	51.6	48.4	8.581**	种子部分来自赤峰，部分来自海南
				344	234	110	68.0	32.0	44.698**	种子全部来自海南
				7 778	3 959	3 819	50.9	49.1	2.520	种子全部来自赤峰
	1983	赤峰大田	B_6F_1	2 928	1 565	1 363	53.4	46.6	13.936**	种子全部来自赤峰
	1984	赤峰大田	B_7F_1	4 037	2 020	2 017	50.0	20.0	0.002	种子全部来自赤峰
	累计			34 547	20 037	14 510	58.0	42.0	884.237**	

* 表示 $p=0.05$ 显著平准

* 表示 $p=0.01$ 显著平准

植，出现的不育株率应为50%～66.7%。B_1F_1的种子是南繁后的第二次种植；B_3F_1的种子是南繁后的第一次种植；B_4F_1和B_5F_1一部分种子是南繁后的第一次种植，一部分种子是南繁后的第二次种植。从试验资料看，B_1F_1、B_3F_1、B_4F_1和B_5F_1的不育株率为50.0%～75.6%，与理论上吻合。

如果把B_4F_1和B_5F_1的归并资料分成南繁和未经南繁的两组，就可明显看出：经南繁的种子后代的不育株率显著提高，其分离比例显著偏离1:1，而未经南繁的种子后代的不育株和可育株大致各占50%，P（1:1）的x^2值不显著（表2－2）。

此外，B_6F_1的种子全部未经南繁，理应不受自交的干扰，但P（1:1）x^2值也超过极显著差异标准。若以每个回交成对为单位来分析其育性表现，可以看出：B_6F_1共种植117个回交成对，其中有103个回交成对的育性分离合符1:1比率，占全部对数的88.0%（表2-3）。

表2-3　B_6F_1以回交成对为单位的育性表现

总数		全不育			分离比不符合1:1的			分离比符合1:1的		
对数	株数	对数	占总对数%	株数	对数	占总对数%	株数	对数	占总对数%	株数
117	2 928	2	1.7	45	12	10.3	251	103	88.0	2 632

试验资料指出，用原父本回交的7个世代种植上千个成对中，曾出现过少量全不育的对系，但这些对系的育性并不稳定，只要再经一次回交，后代的育性分离比例仍然回到1:1（表2-4），而又有少量别的对系出现全不育，如

表 2－4　原父本回交各世代中出现的全不育对系回交，后代的育性表现

年份	世代	对系号	不育株数/总株数	年份	世代	总株数	不育株数	可育株数	不育株%	可育株%	x^2(p1：1)
1979（赤峰）	B_1F_1	2 195	60/61	1980（三亚）	B_2F_1	654	334	320	51.1	48.9	0.300
		2 197	80/80			556	268	268	51.8	48.2	0.719
1981（赤峰）	B_4F_1	1 027	93/93	1982（赤峰）	B_5F_1	1 481	710	771	47.8	52.1	2.513
		1 049	68/68			353	180	173	51.0	49.0	0.139
		1 053	73/73			725	342	383	47.2	52.8	2.319
		1 055	78/78			253	115	138	45.5	54.5	2.090
		1 059	76/76			810	390	420	48.1	51.9	1.111
		1 063	101/101			1 091	556	535	51.0	49.0	0.404
		1 069	32/32			699	372	327	53.2	46.8	2.897
		1 075	34/34			776	409	367	52.7	47.3	2.273
		1 577	33/33			407	194	213	47.7	52.3	0.887
		299	33/39			226	118	108	52.2	47.8	0.442
1982（赤峰）	B_5F_1	1 305	10/10	1983（赤峰）	B_6F_1	232	123	109	53.0	47.0	0.845
		1 439	12/12			171	95	76	55.6	44.4	2.111
		1 343	11/11			147	85	62	57.8	42.2	3.600
1983（赤峰）	B_6F_1	177	20/20	1984（赤峰）	B_7F_1	148	64	84	43.2	56.8	2.720
		179	25/25			171	89	82	52.1	49.9	0.287

此交替往复。这是由于不育株自交的结果，使得不育群体中有极少量的显性不育纯合个体存在的缘故。

如此可以认为：不育株与原父本吐鲁番谷进行成对回交，后代的育性分离比例为1∶1，即使回交多代也不会改变这一规律。

三、可育株自交后代的育性表现

表2-5的资料说明：无论是不育株系群体内的可育株，或测交F_1中出现的可育株，或回交后代中的可育株，其自交后代（S_1）的育性都不再分离。

表2-5　可育株自交后代的育性表现

年份	试验地点	世代	总株数	不育株数	可育株数	可育株%	备注
1979，1984	赤峰大田	S_1	1 712	0	1 712	100.0	种子来自原父本回交中的可育株
1984（冬）	赤峰温室	S_1	160	0	160	100.0	种子来自测交F_1中的可育株
1979，1984	赤峰大田	S_1	1 930	0	1 930	100.0	种子来自姊妹交父本中的可育株
累计			3 262	0	3 262	100.0	

第三节

显性核不育基因的发现

一、原组合反交的遗传表现

1980 年夏，作者又组配了原组合的反交“吐鲁番谷 × 澳大利亚谷”。F_2也分离出少量不育株。不育株经测交、回交和姐妹交，其后代的育性表现与正交相似（表 2-6）。这说明“72182”不育材料的不育性与澳大利亚谷的细胞质无关，而仅受核基因所控制，是一份典型的显性核不育材料。

表 2-6　吐鲁番谷 × 澳大利亚谷中的不育株后代的表现

杂交方式	组合数	对数	总株数	不育株数	可育株数	χ^2(p1:1)
与可育株姊妹交 F_1		8	305	147	175	0. 268
测交 F_1	24	42	856	434	422	0. 168
回交 BC_1	4	5	247	124	123	0. 004
回交 BC_2	3	14	509	250	259	0. 159
可育株自交			715		715	

二、显性雄性不育的再证实

通过不育株在海南岛的自交分离，1989 年冬，获得纯合不育系“Ch-吐-315”、“Ch-吐-330”（原始系）和“Ch-672142-678”、“Ch-672142-683”（转育系）。纯合不育系自交，后代育性不分离，为全不育；与隐性可育纯合体杂交，得到的杂合不育系育性也不分离，为全不育。杂合不育系继续与隐性可育纯合体杂交，F_1的育性又出现1∶1分离（表2-7），再次证实，“78182”的不育性是受显性核基因所控制的。

表2-7　纯合不育系自交、隐性测交和回交 F_1 的育性表现

纯合不育系名称	自交			隐性测交（或开放杂交）F_1			回交			
	总株数	不育株数	可育株数	总株数	不育株数	可育株数	总株数	不育株数	可育株数	（p1∶1）
1989，冬，三亚										
Ch-吐-315	23	23	0	29	29	0				
Ch-吐-330	30	30	0	33	33	0				
Ch-612142-678	61	61	0							
Ch-672142-683	47	47	0							
1990，夏，赤峰										
Ch-吐-315	106	106	0	135	135	0				
Ch-吐-330	96	94	2	115	115	0				
Ch-612142-678	1 167	1 167	0	933	925	8	87	41	46	0.287
Ch-672142-683	538	538	0	506	504	2	74	33	41	0.865

三、显性核不育基因的发现和命名

细胞核雄性不育（即核不育），是自然界最常见的雄性不育现象，但绝大多数的核不育都是由隐性雄性不育基因控制的（即隐性核不育），只有极少数的核不育是由显性雄性不育基因控制的（即显性核不育）。迄今，世界上只有在小麦、棉花、马铃薯、莴苣、红胡麻草、谷子、亚麻、油菜、大白菜、水稻等10种作物上发现过14例显性核不育材料。我国谷子育种工作者先后选育出40多份核不育材料，但它们都是隐性核不育。“72182”显性核不育材料的发现，在谷子上尚属首次。由于该不育材料是在赤峰发现的，故1984年鉴定时，将它定名为“赤峰谷子显性核不育材料”，简称“Ch型”，将控制这个不育材料育性的显性核不育基因命名为“Ms^{ch}”，以下文中用符号“*Ms*”表示。

第四节

谷子显性上位基因“*Rf*”的发现

一、谷子显性核不育基因“*Ms*”的育性恢复

我们在获得“*Ms*”不育材料后，为了保持其不育性，曾先后用跃进四号等近400个普通谷子品种（含原组合的父本吐鲁番谷）与其不育株进行测交、回交，其后代的育性都是1∶1分离，这说明在谷子的自然品种中不但找不到它的保持系，也找不到它的恢复系。1979年夏，用“澳大利亚谷×吐鲁番谷”原组合后代中的可育株为父本，对“*Ms*”不育株进行大量的测交和回交，发现其中的181-5系对其不育性具有全恢复能力（恢复株率达100%，恢复度达90%以上），而且，它的恢复性十分稳定，不受种植地

点（三亚、通什、湛江和赤峰）、季节和大田或温室的影响。为了验证181-5对“*Ms*”育性的恢复功能，以后又用“181-5”多次进行重复测配，都得到相同的结果（表2-8）。

表2-8　不育株×181-5F_1的育性表现

时间和地点	对数	总株数	不育株数	可育株数	可育株%
1979，夏，赤峰	1	50	0	50	100.0
1980，春，通什	3	90	0	90	100.0
1983，夏，赤峰	2	64	0	64	100.0
1984，夏，赤峰	2	35	1	34	97.1
1984，冬，赤峰（温室）	2	41	0	41	100.0
1984，冬，三亚	7	927	0	927	100.0
1985，春，赤峰（温室）	6	158	0	158	100.0

二、谷子显性上位基因“*Rf*”的发现

刘秉华（1991）指出，自花授粉作物的花器结构和花粉数量都不很适合异花传粉，开放授粉的异交结实率也远不如自花授粉的结实率那么高。这样，即使在自花授粉作物的品种中发生了显性核不育突变，也会逐渐被自然选择的压力所淘汰而不能长期存留下来。显性核不育基因要在一个作物或品种的群体中传留下去，最好的出路是伴随不育基因的存在而产生一个能恢复其育性的显性上位基因。这种既存在显性不育基因，又存在显性上位基因的遗传体系是十分稀少的，但在自然界中又确实是存在。

表2-8的事实说明，181-5携带一对能使“*Ms*”不育

基因的不育性恢复可育的“上位基因”，从而为“*Ms*”不育基因找到了一个特殊的“恢复源”。因此，把181-5中携带的显性上位基因定名为“*Rf*”。

181-5作为一个携带显性上位基因的“恢复源”，它有不可多得的优点：一是它的恢复性完全彻底（恢复株率达100%，恢复度达90%以上）；二是它的恢复性十分稳定，不受季节、地域、大田或温室的影响；三是它的花粉量大（散粉高峰时，迎着阳光弹击穗部，明显可见有大量花粉散落；开花前套袋，可以收集到大量花粉）。四是显性上位基因一般是单基因或寡基因控制的，它可以通过回交转育的方法，转移到多种不同遗传背景和具有各种不同优异性状的品种上，得到一系列携带显性上位基因的亲本材料，诸如丰产的、抗病的、抗旱的、优质的以及不同熟期的，以便满足选配各种类型优势组合的需要。

第三章

“*Ms*”和“*Rf*”的遗传关系

第一节

“*Ms*”和“*Rf*”的上位互作遗传

为了解读“*Ms*”的遗传机制这个关键性问题，明确“*Ms*”和“*Rf*”的来源是十分必要的。

一、“*Ms*”不育基因的来源

“*Ms*”显性核不育材料来自澳大利亚谷×吐鲁番谷的杂交后代，为了追踪“*Ms*”的来源，1987年我们重新组配该组合。结果F_2重复出现不育株，不育株经与普通品种谷子测交、回交、与可育株姐妹交，后代育性分离比例也为1∶1；自交（在海南岛）后代育性分离比例也为3（不育）∶1（可育）。说明“*Ms*”的获得有重演性。

在选育谷子不育系的过程中，我们曾做了大量的品种间杂交组合，都未见有不育株出现；其中吐鲁番谷×普通品种也没有出现不育株。我们在1060A品种中或通过诱变处理，曾选出不育系338A、1105A等，都被证实为隐性核不育。但凡以澳大利亚谷为亲本的组合，如澳大利亚谷×

小红苗、澳大利亚谷×金镶玉、澳大利亚谷×304、澳大利亚谷×罗5、澳大利亚谷×张选76-52-2、澳大利亚谷×格维赛夫斯基等，都出现不育株。现已确认，澳大利亚谷×小红苗中出现的不育也是显性核不育。原张家口地区农业科学研究所用澳大利亚谷作母本，与中卫竹叶青、吐鲁番谷等三个谷子普通品种杂交，后代都出现不育株，“澳卫”不育系经多代研究也确认为显性核不育。澳大利亚谷×吐鲁番谷的杂交结果已多次得到重复验证。同时，该组合的反交吐鲁番谷×澳大利亚谷也出现不育株，不育株经测交、回交和姐妹交，其后代的遗传表现和正交相似（表2-6）。这些事实说明，“*Ms*”是从母本澳大利亚谷通过杂交，经基因重组而来，而不是基因突变而来；同时，也不会来源于吐鲁番谷。

母本澳大利亚谷是一个稳定的纯系品种，本身可育，历代自交从未出现过不育株。这是因为显性不育基因和显性上位基因都处于纯合状态，在自交状态下，二者没有分开的机会。当和其他材料杂交时，就为二者的分离提供了必要的条件，在杂交后代中就可能分离出显性雄性不育株。

二、“*Rf*”恢复基因的来源

400多个品种的测交结果表明，在普通谷子品种中难以找到“*Ms*”不育株的恢复材料，“恢复源”181-5来自原组合的后代中，它是原组合的母本澳大利亚谷的衍生系，也是不育株的可育姐妹系。

1981 年，我们用不育株与原组合的母本澳大利亚谷测交，发现测交 F_1 全部被恢复可育；1985 年，重复测配，又获得同样的结果（表 3-1），而用吐鲁番谷与不育株测交并连续回交，F_1 的育性为 1∶1 分离。这说明恢复育性的基因也是来源于原组合的母本澳大利亚谷。

表 3-1 不育株 × 澳大利亚谷 F_1 的育性表现

时间和地点	区　号	总株数	不育株数	可育株数
1982，春，通什	82 春 465	55	0	55
1985，春，赤峰（温室）	85 春 028	51	0	51
1985，春，赤峰（温室）	85 春 029	49	0	49
1985，春，赤峰（温室）	85 春 030	10	0	10

三、"*Ms*"和"*Rf*"的上位互作遗传模式

众所周知，由显性基因控制的不育性，一般是既找不到稳定的保持系又找不到稳定的恢复系。从对不育基因"*Ms*"和恢复基因"*Rf*"来源的综合分析可以得出如下结论，"Ch 型"这种由杂交而来，并能找到恢复系的显性核不育是基因互作型显性核不育，其不育性是受核内二对显性基因 *Ms* 和 *Rf* 上位互作控制的。其中，显性上位基因"*Rf*"能抑制显性不育基因"*Ms*"的表达，当二者共同存在时，表现正常可育（如澳大利亚谷）；而显性核不育基因"*Ms*"单独存在时，则表现雄性不育（如"Ch 型"

不育株)；“*Rf*”只对“*Ms*”起作用。仅携带显性上位基因“*Rf*”的材料也是正常可育的（如具有 *Rfms/Rfms* 基因型恢复株)。出现不育株的频率取决于这两种基因是连锁遗传的，或是独立遗传的，以及上位基因的对数等。

如果发现一个不育材料（特别是在杂交后代中分离出不育材料）以后，就应该用双亲与之回交，来测定是否有“上位基因”的存在，以确定其不育类型，是十分必要的。

第二节

“*Ms*”和“*Rf*”的连锁遗传

一、澳大利亚谷×吐鲁番谷的 F_2 出现不育株的频率

1976 年冬，我们首配的澳大利亚谷×吐鲁番谷，1977 年冬，在三亚种 F_2，就已出现少量不育株，但未准确调查不育株数。1988 年，重配澳大利亚谷×吐鲁番谷，F_2 出现不育株的频率为 1.05%。如果“*Ms*”和“*Rf*”是独立遗传的，从理论上预测，F_2 的分离比例应为 13（可育）:3（不育)，不育株出现的频率应为 18.75%（表 3-2)，但实际上并不如此，F_2 只出现少量不育株，显然这是“*Ms*”和“*Rf*”连锁遗传的结果。

表 3-2 “澳大利亚谷×吐鲁番谷”后代的遗传表现

F_1（1988 年，夏，三亚）	F_2（1988 年，夏，赤峰）						
	总株数	可育株数	不育株数	期望值		观察值	
				比例	不育率（%）	比例	不育率（%）
全可育	669	662	7	13:3	18.75	94.57:1	1.05

二、杂合不育株×181-5 后代的育性表现

杂合不育株与 181-5 成对杂交，F_1全可育，F_2、F_3出现育性分离。在 6 个杂交成对的 161 个 F_2株行中，全可育的 65 行，占 40.4%；适合于 3∶1 和近于 3∶1 分离比的 79 行，占 49.1%；只分离出少量不育株的 11 行，占 6.8%；不属于上述情况的例外 6 行，占 3.7%。可见其 F_2的育性分离表现有：全可育、只有少量不育株和 3∶1 三种类型。在 23 个 F_3株行中，全可育的 3 行，占 13.0%；适合 3∶1 分离比的 18 行，占 78.3%；只分离出少量不育株的 2 行，占 8.7%。可见其 F_3的育性分离表现也是全可育、只有少量不育株和 3∶1 三种类型。如果“*Ms*”和“*Rf*”是独立遗传的，那么，F_2、F_3的育性分离表现应是全可育、13∶3 和 3∶1 三种类型，但实际上并非如此，显然这也是连锁遗传的结果。

三、控制育性的基因型分析

如果以两对连锁基因互作遗传的模式来进行基因型分析（表3-3），基因型分析的结果与试验的结果相吻合，从

表 3－3　控制育性的基因型分析

P 基因型 ♀	P 基因型 ♂	F_1 基因型	F_1 育性	F_2 基因型	F_2 育性
RfMs/RfMs	rfms/rfms	RfMs/frms	全可育	RfMs/RfMs　RfMs/Rfms　Rfms/Rfms　RfMs/rfMs　RfMs/rfms　Rfms/rfms　rfms/rfms　Rfms/rfMs　rfMs/rfms　rfMs/rfMs	出现少量不育株
	RfMs/RfMs	RfMs/rfMs	全可育	RfMs/RfMs　RfMs/rfMs　rfMs/rfMs	3:1
		RfMs/rfms		RfMs/RfMs　RfMs/Rfms　Rfms/Rfms　RfMs/rfMs　RfMs/rfms　Rfms/rfms　rfms/rfms　Rfms/rfMs　rfMs/rfms　rfMs/rfMs	出现少量不育株
rfMs/rfms	RfMs/Rfms	RfMs/rfMs	全可育	RfMs/RfMs　RfMs/rfMs　rfMs/rfMs	3:1
		RfMs/rfms		RfMs/RfMs　RfMs/Rfms　Rfms/Rfms　RfMs/rfMs　RfMs/rfms　Rfms/rfms　rfms/rfms　Rfms/rfMs　rfMs/rfms　rfMs/rfMs	出现少量不育株
		Rfms/rfMs		RfMs/RfMs　RfMs/Rfms　Rfms/Rfms　RfMs/rfMs　RfMs/rfms　Rfms/rfms　rfms/rfms　Rfms/rfMs　rfMs/rfms　rfMs/rfMs	近于 3:1
		Rfms/rfms		Rfms/Rfms　Rfms/rfms　rfms/rfms	全可育
	Rfms/Rfms	Rfms/rfMs	全可育	RfMs/RfMs　RfMs/Rfms　Rfms/Rfms　RfMs/rfMs　RfMs/rfms　Rfms/rfms　rfms/rfms　Rfms/rfMs　rfMs/rfms　rfMs/rfMs	近于 3:1
		Rfms/rfms		Rfms/Rfms　Rfms/rfms　rfms/rfms	可全育

注：本表中的育性均为可育：不育

而也证实了“*Ms*”与“*Rf*”的连锁遗传是可信的。

四、交换值

根据澳大利亚谷×吐鲁番谷的 F_2 的分离资料和杂合不育株×181-5 的 F_2、F_3 的分离资料可算出 *RfMs/rfms* 的交换值分别为 2.12% 和 2.25%、2.37%。三者平均，*RfMs/rfms* 的交换值为 2.25%（表 3-4）。

表 3-4 *RfMs/rfms* 的交换值

澳大利亚谷×吐鲁番谷 F_2			杂合不育株×181-5					
			F_2			F_3		
总株数	不育株数	交换值（%）	总株数	不育株数	交换值（%）	总株数	不育株数	交换值（%）
669	7	2.12	1 384	15	2.25	171	2	2.37
平均交换值（%）				2.25				

根据以上试验资料，可以得出以下结论，“Ch 型”不育材料是受两对显性连锁基因“*Ms*_ ”和“*Rf*_ ”上位互作控制其育性为基因互作型显性核不育。“*MS*”和“*Rf*”之间是一种连锁遗传关系，这也是在杂交后代中只出现少量不育株的遗传原因。

第四章
“Ch 型”谷子显性核不育在杂种优势育种中的应用

第一节

应用方案的提出

显性核不育材料只有接受正常可育株的花粉才能结实，所以在自然界中它的基因型总是处于杂合状态，它的个体总是以杂合不育株存在的，其杂交后代的育性恒定为 1∶1 分离，它既找不到稳定的保持系，也找不到稳定的恢复系。因此，传统观念认为显性核不育材料不能直接用于杂种优势利用。

“Ch 型”谷子显性核不育已获得带有显性上位基因的恢复源——“181-5”；同时，探明了这种由杂交而来的显性核不育是“基因互作型”雄性不育，一般都可以在提供显性核不育基因的那个亲本及其衍生系中找到携带上位基因的恢复系，从而解决显性核不育的育性恢复问题，为显性核不育在杂种优势中的直接应用提供了可能。

要用“Ch 型”显性核不育材料来作母本不育系进行制种，一种方法是对其中的不育株或可育株标以容易识别的标志性状，以便在种子阶段或间苗时容易识别，将其 50%

的可育株加以剔除。但目前受到谷子育种手段等条件的限制，还难以做到。利用谷子幼苗的天然苗色作标志性状，但谷子间苗期苗小苗多，苗色不明显，操作也很困难。

根据遗传学原理，通过一定的方法可以获得“Ch 型”谷子显性核不育的两种育性稳定为 1∶1 的“两型系”：rfms/rfms 和 rfMs/rfms、RfMs/rfMs 和 rfMs/rfMs，前者为“杂合两型系”，后者为“纯合两型系”。如用这两种没有明显标志性状的“两型系”作母本系来配制杂交种（图 4-1），就要在母本开花之前把制种田中的 50% 可育株剔除干净（或在不育系繁殖田中已进行剔除），这在操作上是难以办到的。

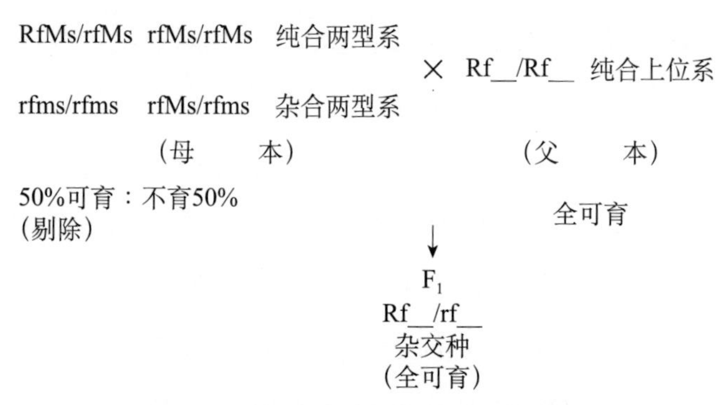

图 4-1 用两种两型系制种的模式和程序

“Ch 型”显性核不育材料的杂合不育株，花药和花粉发育基本正常（刁现民等，1991），纯合不育株花粉败育，但不彻底，花药内含有 11.7% 左右的圆形正常可染花粉（胡洪凯，1981）。但两种不育株的“散粉机制”均缺失，在北方谷子产区内，花药始终不开裂，不散粉，自交不结实；而在特定条件下，例如，在低纬度的广东湛江、海南通什和三亚等地（北纬21°以南），则有小量花药开裂散粉，能收到6%～10%的自交种子，其育性的分离比例为3不育∶1可育；在原组合7个遗传世代的回交中，每个世代都出现少量的全不育系行，但这些全不育系行不像“核质互作型”不育系那样，因为有“保持系”的存在而使其不育性稳定下来，而是再经1次回交，其育性仍然回到1∶1，下一代仍有另一些株系为全不育，如此往复（表2-4）。这都说明“Ch 型”不育材料的后代中有显性纯合不育株的存在。因此，只要用杂合不育株在海南等低纬度地区连续两代自交，就可以把纯合不育株鉴定和筛选出来，再在上述生态条件下隔离自繁，就可获得“Ch 型”的纯合一型系全不育群体。根据“Ch 型”的这些遗传特点，胡洪凯（1987）提出采用“显性核不育纯合一型系①、隐性纯合可育系②和显性纯合上位系③”配套的杂交制种体系及其选育程序（图4-2），使“Ch 型”谷子显性核不育在杂种优势利用中可以直接应用。

这一应用方案，已被引入全国农业高等院校的教材《作物育种学总论》中（张天真，2003）。

① 简称纯合一型系，群体内100%的植株均为显性纯合基因型的不育株

② 简称纯合可育系，群体内100%的植株均为隐性纯合基因型的可育株

③ 简称纯合上位系，群体内100%的植株均为携带显性纯合上位基因的可育株

第二节

“两级繁种”和“三系法”、“二系法”制种

根据（图4-2）的选育程序，提出“Ch型”谷子显性核不育的“两级繁种”和“三系法”、“二系法”制种方案（图4-3，图4-4）。

图4-3所示的“三系法”制种中，制种田用的母本不育系是杂合一型系[①]，它是由“两级”繁种而来。在一级繁种田中，纯合不育株隔离自交，繁出纯合一型系（一级亲本），再在二级繁种田中与纯合可育系杂交，繁殖出杂合一型系（二级亲本）。杂合一型系在制种田中与纯合上位系杂交，生产出F_1杂交种子，供生产大田用种。一级繁种田必需设在低纬度（北纬21°以南）的湛江和海南岛等地，二级繁种田和制种田可以设在北方谷子产区内。也就是说，一级繁种必需在低纬度地区进行，二级繁种和制种可在北方谷子产区内进行。

从理论上讲，纯合一型系也可以直接和纯合上位系杂交，生产出F_1杂交种。从实践上讲，由于谷子种子籽粒小，繁殖系数大，大田用种量少，只要使纯合一型系的繁殖产量提高到某一水平后，就可用纯合一型系和纯合上位系杂

① 群体内100%的植株均为显性杂合基因型的不育株

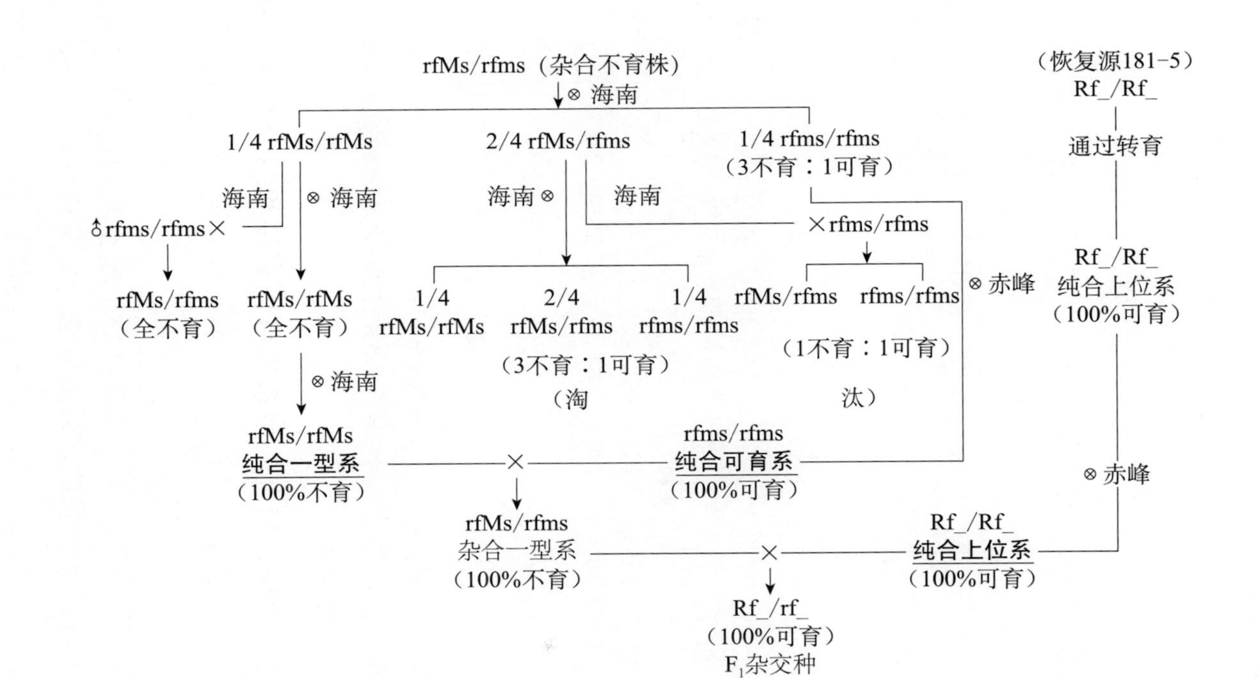

图4-2 "Ch型"显性核不育"三系法"配套的杂交制种体系及其选育程序

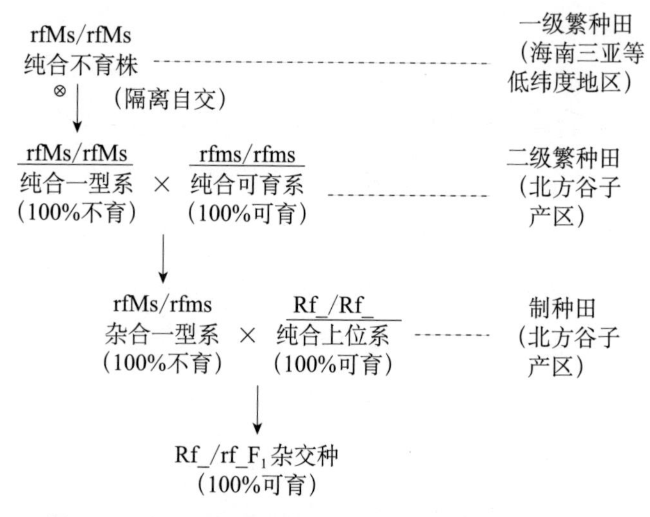

图4-3 “Ch型”谷子显性核不育在杂种优势利用中的“两级繁种”和“三系法”制种程序

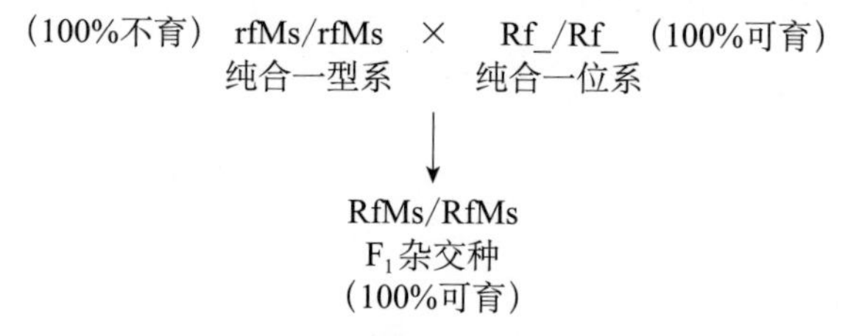

图4-4 “Ch型”谷子显性核不育“二系法”制种程序

交，直接生产 F_1 杂交种，从而变“三系法”制种为“二系法”制种。

“Ch型”纯合不育株在海南岛种植，不仅其分蘖力、再生力强（图版4），还出现罕见的“节上分枝”成穗的现象（图版5）。现已验证，其分枝穗、分蘖穗、再生穗的育性和主茎的育性完全一致。只要在后期加强繁种田的田间管理，就可以播种 1 次收获 4 次，使繁殖产量大增。1991 年，首次在三亚繁殖纯合一型系时，产量仅是 5 kg/亩，1992 年冬再次繁殖纯合一型系时，产量就提高到 15 kg/亩的水平（含主穗、节上分枝穗、分蘖穗和再生穗）。

采用“二系法”制种，就可大大简化繁种和制种手续，省去二级繁种和纯合可育系，降低杂种生产成本，提高效益，从而可以降低种子价格，促进谷子杂交种的推广。

以上方案，首创显性核不育纯合一型系（或杂合一型系）作为繁殖、制种用的全不育母本系，改变了显性核不育的育性恒定 1∶1 分离的特点，无需在繁殖亲本和制种过程中拔除 50% 可育株，这不仅使显性核不育的杂优利用方法更为完善，同时，也克服了显性核不育在杂优利用中的主要障碍，打破了显性核不育无法在杂种优势育种中直接利用的传统观念，为作物杂种优势利用开创了一条新途径，为育种实践开辟了一个新领域。

第三节

显性核不育纯合一型系的选育

“Ch 型”显性核不育在杂优中的应用，除了要解决其不育性的恢复问题外，能否成功地选育出纯合一型系也是一个关键。

一、纯合一型系的选育

1988 年冬，在海南岛种植 Ch-吐不育系（原始系）和 Ch-672142 不育系（转育系）的杂合不育株自交一代，得到“3（不育）:1（可育）群体”。将“3:1 群体”中的所有不育株，用主茎在开花前套袋自交，收自交二代种子；用其分蘖在开花前套袋作隐性测交（或任其开放杂交），收相应的测交（或开放杂交）种子；并混收可育株的种子，作选育纯合可育系备用。1989 年冬，在海南岛三亚分别种植同一不育株的自交种子和相应的隐性测交（或开放杂交）种子。凡自交后代和隐性测交后代都为全不育的，则测交父本植株就是显性纯合不育株；自交后代和隐性测交后代出现育性分离的，其父本植株则全部淘汰。这样，在 Ch-吐不育系的自交二代中，获得 Ch-吐-315 和 Ch-吐-330 两个系，在 Ch-672142 不育系的自交二代中，获得 Ch-672142-678 和 Ch-672142-683 两个系，其自交后代和测交后代的育性都为100%不育。收以上四个系的自交三代种子就得到 4 个纯合一型系。

二、纯合一型系的育性鉴定

1990 年春至 1991 年夏，分别在不同地点（三亚、赤峰）、不同季节（春、夏、冬）对“Ch-吐-315”“Ch-吐-330”“Ch-672142-678”“Ch-672142-683”自交后代种子

得到的4个纯合一型系的育性进行鉴定，结果都为100%不育。1990年冬、1991年春在三亚设隔离区繁殖纯合一型系Ch-672142-678和Ch-672142-683。1991夏，在赤峰证实，繁殖后代的育性为100%不育（表4-1），说明纯合一型系的选育和繁殖都获得成功。

表4-1　纯合一型系的育性鉴定

时间地点	世代	Ch-672142-678				Ch-672142-683			
		总株数	不育株数	可育株数	不育株率%	总株数	不育株数	可育株数	不育株率%
1990，春，三亚	S_3	175	175	0	100.0	35	35	0	100.0
1990，夏，赤峰	S_3	1 167	1 167	0	100.0	538	538	0	100.0
1990，冬，三亚	S_4	2 418	2 418	0	100.0	3 000	3 000	0	100.0
1991，春，三亚	S_4	2 589	2 589	0	100.0	3 600	3 600	0	100.0
1991，夏，赤峰	S_4	3 572	3 567	5	99.9	2 909	2 909	0	100.0
1991，夏，赤峰	絮种	2 160	2 159	1	100.0	2 909	2 909	0	100.0

三、不育系的转育

“Ch 型”显性核不育的纯合不育株和杂合不育株开花时颖壳张开的角度大，柱头外露明显，柱头生活力强，开花后一周至10天仍然可以有效授粉，异交结实率高，这些都是作为一个“不育源”不可缺少的条件和优点。为了满足选配优势组合的需要，不育系最好含有多个套型，因此，选用具有不同遗传背景和各种优良性状的优良品种（或品系）与已获得的纯合一型系进行杂交和回交转育是十分必要的。在测交、回交后代中，都选不育株淘汰可育株，经3～4次回交后，得到一个新的育性为1∶1的群体。从每个组合中选出3～5个优良不育株，这就得到新不育系的杂合不育株。再在低纬度生态条件下进行2次连续自交，一般地都可得到相应的纯合一型系，并且转育手续十分方便。

在转育纯合一型系时，要特别注意被转育品种的株高是否合适，并以中矮秆品种为主，以便在制种时有一个“母矮父高”的合理群体结构。

第四节

隐性纯合可育系的选育

杂合不育株自交所得的“3∶1群体”中，有1/4隐性纯合可育株，使其自交繁殖（在赤峰）就得到相应的“纯合可育系”。这种“纯合可育系”和相应的“纯合一型系”、“杂合一型系”三者是孪生关系，它们的遗传背景完全相同，形态相似，仅育性不同，其表现为100%可育；它和相应的纯合一型系杂交，得到的杂合一型系，育性保持100%不育，和相应的杂合一型系杂交，育性出现1∶1分离。这种纯合可育系是纯合一型系的“一代保持系”（或称“临时保持系”)，它和相应的纯合一型系杂交，得来的杂合一型系就是“三系法”制种田中用的母本不育系。

1991 年夏，对杂合一型系 Ch-672142-678、Ch-672142-683 的进行育性鉴定，其不育率和不育度都达到 99% 以上(表 4-2)。

表 4-2　杂合一型系的育性鉴定

(1991，夏，赤峰)

杂合一型系名称	总体数	不育株数	可育株数	不育株(%)	不育度	备考
Ch-672142-678AB	291	291	0	100.0	99.8	成对
	284	282	2	99.3	99.8	繁殖群体
Ch-67214-683AB	323	320	3	99.1	99.8	繁殖群体

第五节

显性纯合上位系的选育

181-5 系作为一个“恢复源”，有 3 个十分可贵的特点：一是恢复能力强，对“Ch 型”不育材料，恢复率始终保持在 100%，恢复度保持在 90.0% 以上；二是恢复性稳定，在不同地点、不同海拔高度、不同季节都表现一致(如在赤峰、湛江春繁、通什和三亚冬繁)；三是花粉量大，经开花前套袋，每株都可收集到大量花粉。但它也有一个缺点，因为它是澳大利亚谷的衍生系，后代免不了携带着某些澳大利亚谷“半野生性”的不良痕迹，影响后代的农艺性状，这种影响必须通过多次回交才能剔除。

上位基因一般是由单基因或寡基因控制的。以 181-5 作“恢复源”，通过杂交和回交，一般不难把显性上位基因转育到具有不同遗传背景和各种优良性状的品种上，再通过测交，就可得到新的上位系。目前已选出 R_2 等20 多份新的纯合上位系。1991 年夏，在赤峰进行恢复性测定，新恢复系的恢复率达 99.9%，恢复度达 85.0% ~91.5%（表 4-3）。

表 4-3　F_1 杂交种的育性鉴定

（1991，夏，赤峰）

不育系名称 ♀	上位性恢复系名称 ♂	F_1					
		总对数	总株数	可育株数	不育株数	恢复率%	恢复度%
Ch-672142-678	R_2 等	22	728	727	1	99.9	85.0 ~91.5

现介绍以下几种上位性恢复系的选育方法：

一、杂交——连续回交

用 181-5 和优良品种（品系）杂交（正反交均可），F_1 鉴定出真杂种（从理论上讲 F_1 的基因型是一致的，每组合有一株真杂种即可），收取 F_1 种子。第二年单株种植 F_2。F_2 群体中应分离出 *Rf_ /Rf_* 基因型的植株，这种植株就是上位性恢复系，可以通过和“Ch 型”不育株测交被鉴定出来。鉴定出来的上位性恢复株用被转育的亲本进行人工去雄回交。回交的次数视回交的进程而异。用这种方法优点是随着回交代数的增多，恢复系的性状愈趋向被转育的优良品种。缺点是人工去雄的工作量大，难度大，转育进度慢，效率低。

二、一次杂交法

用一次杂交法转育恢复系时，以 181-5 作母本，和优良品种（品系）杂交，为“躲避”多次回交中的人工去雄所造成“无法承受”的工作量，大部分转育组合只杂交一次，在 F_2 中选优良可育株和“Ch 型”不育株进行测交，凡全恢的父本株就是恢复株。把这些恢复株在株系圃中经过几代系统选育，使其性状稳定。选择性状好而整齐一致的株系用来试配组合，进一步观察组合的育性恢复效果和优势表现，来确认恢复系的优劣，决选出优良的恢复系。

三、以不育系为轮回亲本的转育法

先把被转育的亲本品种与一个优良的显性核不育系杂交、回交（杂交和回交都不需要人工去雄），把该品种转育成一个农艺性状与其相似的显性核不育系，再以转育后的不育系为母本与 181-5 杂交，用子代可育株进行多次回交，得到一个回交群体，其农艺性状有很大的改善（类似被转育的普通品种）。回交群体中可能含有以下五种基因型的可育株：RfMs/rfMS、RfMs/rfms、rfms/rfms、Rfms/rfMs

和 Rfms/rfms。让这些可育株自交，在自交群体中将会有三种类型的显性上位纯合可育株：RfMs/RfMs、RfMs/Rfms 和 Rfms/Rfms。这三种类型的可育株对“Ch 型”谷子显性核不育都有恢复可育的功能，可以通过测交鉴定出来，分系繁殖就可得到新的上位性恢复系。这种转育办法可不必人工去雄，且结果可靠，但转育周期长，程序复杂，工作量也大，因此，在实际转育中受到一定的限制。

四、群体改良——轮回选择法

这是根据自花授粉作物轮回选择的原理设计的方法。利用携带显性上位基因的 181-5“恢复源”作为组配原始群体的混合父本之一，参与群体改良——轮回选择，把显性上位基因注入改良群体中，随着轮回次数的增多，从改良群体中释放出的优良基因重组体中就应该有携带上位基因的可育株。用这种可育株为父本和“Ch 型”不育株测交，凡测交一代是全可育的，其测交父本就是一个新的上位系，这个设计可能免去转育过程中大量人工去雄的麻烦，而收到良好的效果。

有了优良的显性核不育系（纯合一型系和杂合一型系）和优良的显性上位系后，就可进行优势组合的选配，继而选出杂交种。拥有优良的显性上位系愈多，选配出强优势杂交种的几率就愈高。

第六节

制种效应的估算

纯合一型系只能在低纬度处繁殖，因而给育种工作带来一定的麻烦。但由于本制种体系的特点和谷子繁殖系数大，大田用种量少等优点，在海南繁殖一亩纯合一型系所收获的一级亲本种子，再和纯合可育系杂交，产生的杂合一型系二级亲本种子用来“三系制种”，制出来的 F_1 杂交种可供百万亩生产大田用种。据推算（表 4-4），如果计划推广 100 万亩杂交种，仅需要一级亲本繁种田（繁殖纯合一型系）1 亩，就足够了。如果一年在低纬度地区扩大繁殖一级亲本的种子数量，就可几年不再繁殖一级亲本种子，这就大大降低了繁殖亲本种子的成本投入。

表 4-4 “三系制种法”制种效应的估算

纯合一型系产量（kg/亩）(在海南)	杂合一型系			杂交种			繁殖倍数
	面积（亩）	单产（kg/亩）	总产（kg）	面积（亩）	单产（kg/亩）	总产（kg）	
15	37.5	100	3 750	9 375	150	140.6 万	1:104.6 万

注：谷子大田播种量：0.5kg/亩

谷子显性核不育基因“Ms^{Ch}”、显性上位基因“*Rf*”及其上位互作连锁遗传体系都是首次发现，它在杂种优势上的直接应用更无先例，也无资料可供参考，因此，在本章中所提到的应用方案都是根据其遗传特点、遗传表现和作者的研究实践首次提出的，有些已得到证实是正确的、可行的，但有些还待证实，并随着研究工作和应用实践的深入会得到修正和完善，经验和资料也会逐步累积，作者期待着有更多的创新和发展。

第五章
“Ch 型”谷子显性核不育在常规育种中的应用

由“*Ms*”不育基因控制的“Ch 型”谷子显性核不育材料能够改变谷子的传粉方式，它的不育株靠异交而结实，表现出异花授粉作物的特点，有利于广泛地进行基因重组和累积；而它的不育株后代中分离出来的可育株，又可通过自交而结实，表现自花授粉作物的特点，有利于基因的纯合和稳定，其中性状优良的可育株，可以按照常规育种的方法进行新品种选育。因此，利用“Ch 型”谷子显性核不育材料可将自花授粉作物和异花授粉作物在育种学上的优点集中起来，使谷子育种工作有新的突破。

第一节

用作杂交工具，有效提高谷子杂交效率

人工杂交是谷子新品种和不育系选育的主要方法之一。但是，谷子是一种强自花授粉作物，由于其花器小，结构特殊，每穗小花的数量多，开花高峰又在午夜和凌晨，人工整穗去雄十分困难，假杂交率极高。因此，传统的常规

杂交投入的工作量大，效率极低。携带“*Ms*”基因的显性核不育株，不育度高，不育性稳定，柱头外露好，生活力强，用其作杂交工具，在和谷子普通品种进行杂交时，只要检查出不育株，就可以进行人工授粉，从而免去大量繁杂人工整穗去雄的劳动，在一个杂交季里可以做出比传统杂交方法多几十倍，甚至百倍的杂交组合，同时，有效地避免了假杂种，大大提高杂交工效。

第二节

改革谷子育种的传统方法

近年来，在生产上应用的谷子品种，由杂交选育法得来的明显增多，但主要的还是一父一母的简单杂交。“Ch 型”谷子显性核不育的不育株和不带上位基因的普通品种杂交，其后代分离出 50% 隐性纯合可育株育性不再分离，可以直接进行株系选择，培育出新品种。同时，还可以把现代育种中行之有效、广泛应用的先进育种方法，如：复合杂交、回交育种和群体改良—轮回选择等引入谷子育种中来，从而改革谷子的育种方法，提高谷子育种效率和水平。

利用“Ch 型”谷子显性核不育材料，在无需人工去雄的条件下进行多亲本的复合杂交是十分方便的。如赤谷四号丰产性好，适应性强，但品质欠佳，适口性不好；毛毛粮黄八杈品质好，适口性好，但不抗病；而品系 81R005 抗病性突出。如果进行复合杂交，把三个（或三个以上）品种（品系）的优良性状集中起来，就能较容易地选出丰产、优质、抗病的新品种，使谷子育种工作有新的突破。现以三个品种（系）的复合杂交为例，具体做法如图 5-1。

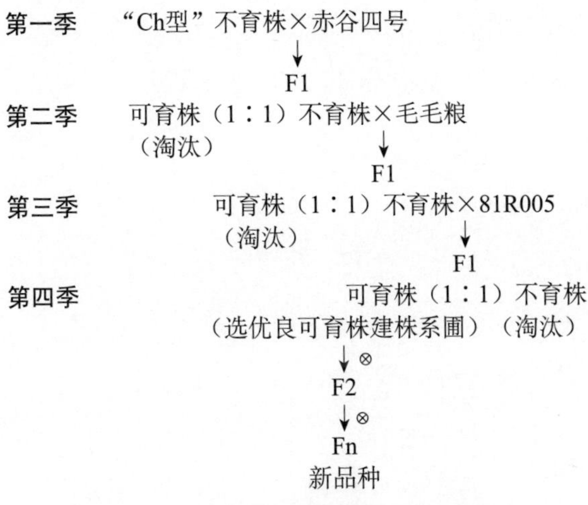

图 5-1　三个品种为亲本的复合杂交程序

进行多品种的复合杂交，利用“Ch 型”显性核不育材料比利用隐性核不育材料要方便优越得多（图 5-2）。

从图 5-2 看出，如果导入 3 个品种的复合杂交，用“Ch 型”显性核不育材料只需经过 4 季就可以进行系选了；而用其他隐性核不育材料则需经过 7 季才能进行系选，而且得到的杂合可育株，其育性还在分离。可见利用“Ch 型”显性核不育材料来进行复合杂交要比隐性核不育材料优越得多。

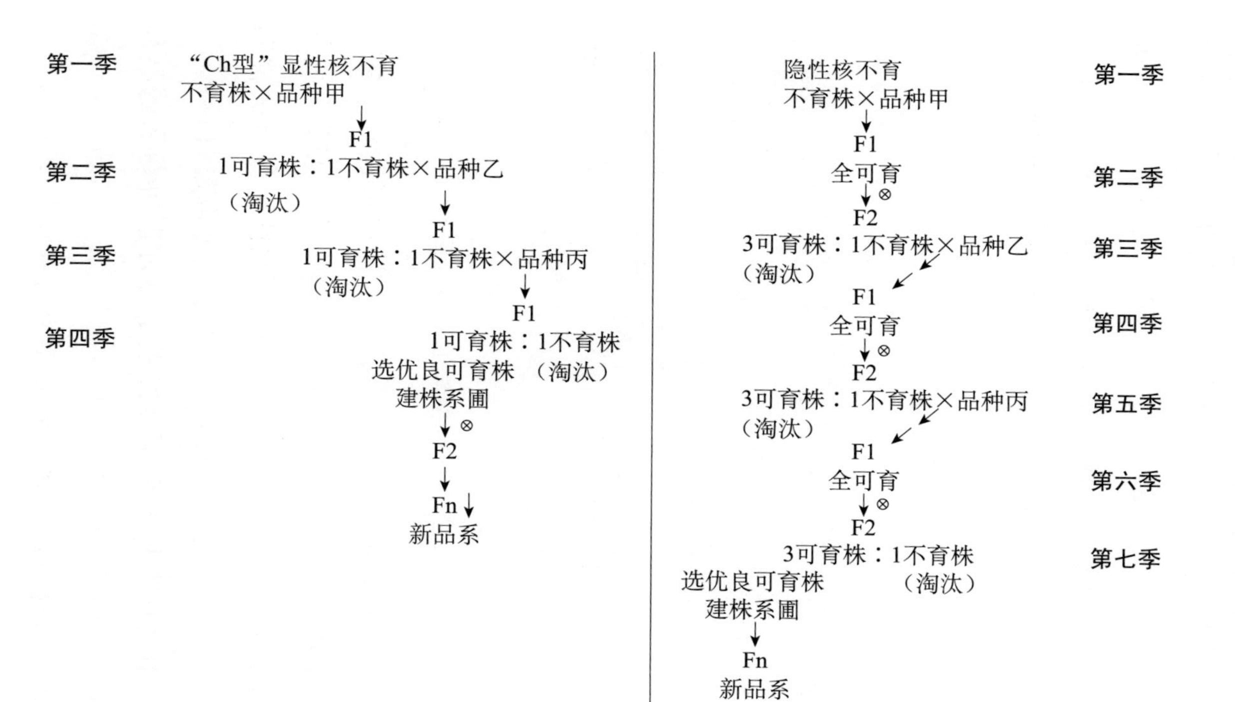

图5-2 “Ch型”显性核不育和隐性不育在谷子复合杂交中应用效果的比较

“七五”“八五”期间，“Ch 型”不育材料，已被全国谷子杂种优势利用研究协作组广泛用于多品种测配中，并已育出 10 多份新的隐性雄性不育系，如“Ch 青”A（为高度不育系）、“Ch 红草”A（为隐性核不育系）等。

第三节

“Ch 型”谷子显性核不育在群体改良中的应用

丰富的种质资源是育种工作的基础，因此，必须创建理想的育种群体。20 世纪 70 年代以来，自花授粉作物采用群体改良——轮回选择的方法育种，已越来越受到重视。谷子尽管杂交工作十分困难，但育种者总是企图把两个或两个以上更多亲本的优良性状最大限度地集中在一起，这个目标只有通过群体改良——轮回选择的方法才能实现。谷子育种者早就设想通过改变谷子繁殖的遗传系统，使其能够在自由授粉条件下产生大量的杂交种子，从而实现谷子的轮回选择。但是，所用的试材是受隐性不育基因控制的，杂交后代的分离复杂而持久，用起来很不方便。

“Ch 型”显性核不育株授以不带显性上位基因的品种的花粉，后代总是分离出一半靠异交结实的不育株和一半靠自交结实的可育株。异交有利于基因的重组和累积，自交有利于基因的纯合和稳定。不育株不断地把外来的基因

（花粉）最大限度地接受进去，并进行重组，重组后的基因又通过后代可育株自交而纯合稳定，不育株继续接受外来基因，如此循环往复，以至无穷。利用“Ch 型”显性核不育材料和多个优良品种或具有某些特殊性状的亲本组成的混合亲本杂交，组成原始群体。在原始群体内部令其自由交配，通过多代的广泛的基因重组和对优良基因重组体的选择，形成一个改良群体，改良群体中的优良基因和优良基因重组体的频率就会不断提高。有了这种改良群体，就可从中源源不断地选出优良基因的重组体，再按照常规程序尽快地选出优良的杂交品种。由于这种改良群体可以继续不断地进行基因重组，不断地分离出携带各种基因的重组体，也可以根据育种目标的更高要求，加入新的种质，继续进行轮回选择，因此，在一定意义上讲，这种改良群体就是一个“活的基因库”，可以源源不断地从中选出优良基因重组体。利用“Ch 型”显性核不育材料进行群体改良——轮回选择，其程序一般包括原始群体的组建、群体改良和改良群体的利用三个步骤：

第一步，原始群体的组配。最简单的办法是根据育种目标的要求，选择若干个优良的“Ch 型”显性核不育材料（由原始不育系转育而来）等量的种子混合作母本；选择多个性状、抗性可以互补的，或具有某种特殊要求（如携带显性上位基因）的优良品种和品系等量混合的种子作父本，在隔离区中父母本隔行种植，四周种混合父本，花期在原始群体内部自由交配。

第二步，改良群体。选收母本行中的优良不育株上的异交种子，混合成第一代轮选群体。在第一代轮回群体中，有一半是不育株，一半是可育株，让二者随机互交，再次收获优良不育株上的异交种子，混播成第二代轮选群体。第二代轮选群体仍然使各半的不育株和可育株随机互交，还是收取优良不育株上的异交种子，混播成第三代轮选群体。如此往复进行。群体中不育株和可育株互交的同时，淘汰群体中的不良可育株。在选择不育株时，要充分注意到性状的交叉，即选择具有不同优良性状可以互补的不育株上的种子。随着轮选世代（次数）的增加，要相应加大选择压力。经过多次的“互交—选择”、“选择—互交”的过程，就可形成一个富含优良基因和优良基因重组体的改良群体。

以上步骤需在隔离区内进行。

第三步，改良群体的利用。在改良群体中选择优良可育株，进行株行种植和鉴定，再按常规的育种程序选出符合育种目标的新品种。

20 世纪 90 年代初，我们开始用“Ch 型”显性核不育作群体改良——轮回选择的尝试，用其“3∶1 群体”和纯合一型系等量混合的种子作母本，以 10 个优良的推广品种（昭谷 1 号、赤谷四号、赤谷八号、赤谷六号、M7554、独杆紧、朝阳齐头白、豫谷一号、日本六十日、81R005 等）

等量混合种子作父本，按上述的选育程序，在完成第三次轮回选择以后的改良群体“赤改群 I”中选出“1318”等三个优良品系。此后，又向“赤改群 I”中加入携带显性上位基因的181-5，从中选出携带上位基因的恢复系 R786。

2004 年冬，用 R786 与 SR3522 杂交〔SR3522 是原中国农业科学院作物品种资源研究所王天宇等（2000，2005）发现的“显性抗除草剂（拿捕净）基因”的特殊种质，由王天宇提供〕，获得两个抗除草剂的上位基因系 R65-2 和 R65-1-3。以 65-2 为父本和 268A 组配的“赤杂谷一号”，于 2011 年 5 月通过内蒙古自治区种子管理站认定（认定证书号为 2011001）。2011 年秋完成大面积制种中间试验。

第四节

用作谷子远缘杂交和亚远缘杂交的“桥梁”品种

显性核不育材料用来作远缘杂交和亚远缘杂交的“桥梁”品种，可以大大缩减远缘杂交和亚远缘杂交的工作量，不仅省去了繁杂的去雄程序和劳动，还可避免假杂种的产生，同时，在一定程度上能够解决远缘杂交中遇到的由于天然“种间隔离”造成的技术难点问题。

第六章

“Ch 型”显性雄性不育谷子花药发育的细胞形态学观察

第一节

不育株花药的外部形态

“Ch 型”显性核不育的纯合不育株和杂合不育株，其花药在外表上没有明显的差异，两者难以识别。在北方谷子产区和湛江、通什、三亚等南繁地种植，开花时两种不育株的花药都能顺利地伸出颖外，呈橘黄色，大小、饱满度也基本正常，且花药内都含有圆形成熟的可染花粉(磨碎花药，用以授粉，均可受精结实)。但在北方谷子产区内，不育株的“散粉机制”缺失，花药伸出颖壳后始终不开裂不散粉（图版 1-5，7，11），自交结实率 0.6% 左右。而在低纬度的三亚、通什、湛江等地（北纬 21°以南）不育株的部分花药会自行开裂散粉，授粉受精，能得到 6%-10% 的自交种子。可育株花药正常开裂散粉，散粉后花药破裂呈灰褐色残留在颖外，和不育株有明显的区别。

“Ch 型”不育株在开花时花药的这种特殊表现，在已发现的各种作物的雄性不育实例中未见有类似的报道。

朱光琴（1997）对国内发现的多个谷子不育系的雄性败育现象进行系统研究后认为：受不同雄性不育基因控制的不育材料表现出的雄性不育特征是不同的。他根据这些不同的败育特征，将谷子不育系划分为四种类型：①花药退化型——败育发生在花药发育的早期，开花期表现为花药颜色淡黄，小箭头状，极瘦小，花丝短，花药不能伸出颖外，如：338A。②无花粉型——败育发生在花粉发育中前期，开花期表现为花药能伸出颖外，但药内空无花粉，花药细瘦，如谷子延型不育系。③花粉败育型——败育发生在花粉发育的中后期，花丝花药发育较为正常，开花时花药能伸出颖外，并能开裂散粉，但花粉无受精能力。这一类型又分典败型、圆败型和染败型 3 种。典败型—花粉发育滞留于第二收缩期，外形为不规则的三角形、半圆形或僧帽形，无淀粉粒形成，不为碘液所染色；圆败型—败育发生在第二收缩期至单核靠边期，已形成圆形的花粉粒，但无淀粉粒形成，不为碘液所染色；染败型—败育发生在双核期或三核期。有淀粉粒形成，能为碘液所染色，但授粉不能受精。④功能败育型——花药内花粉粒发育正常，但花药伸出颖壳后始终不开裂不散粉，不能完成授粉受精。“Ch 型”显性核不育是一个典型的功能败育型不育材料。

第二节

不育株花药发育的细胞形态学观察

刁现民等（1988—1989）对“Ch 型”的各类不育株的花药发育作了比较系统的细胞形态学观察①，其观察结果对了解“Ch 型”显性核不育的败育特征和解读花期的特殊表现，提供了重要的依据。

一、“1:1 群体”中杂合不育株的花药发育

刁现民等观察，“Ch 型”杂合不育株的花药从外部形态、大小、颜色和正常可育株的花药基本一致，开花时花药能伸出颖外。在减数分裂期醋酸洋红压片观察发现，有极少数花药在形成左右对称形的四分体（正常形）中掺杂有 T 字形、一字形或蝶形四分体。其小孢子的发生和形成、药室壁细胞行为、药隔维管束等均未发现异常，花期药室内能形成可染色的和形状都正常的三核花粉。但药室开裂处不形成“开裂腔”。刁现民对花药发育的细胞形态学研究中，发现谷子和水稻相似，在花药接近成熟时，两个药

① 本观察在李东辉研究员、胡洪凯副研究员的指导下，由河北省农科院谷子研究所刁现民等和内蒙古赤峰市农科所王朝斌等合作完成。试材全部由胡洪凯提供。本节相关资料和结论引自：刁现民等：谷子 Ch 显性雄性核不育花药发育的细胞形态学研究，谷子新品种选育技术，天则出版社，1990

隔相连处有直径为14～20μm的“开裂腔”形成，它与谷子花药开裂散粉有关，花药成熟时，沿开裂腔纵裂，花粉同时被弹射出去，散落在柱头上，完成授粉受精。药室始终不开裂不散粉，自交不结实（图版2-1），造成不育。如果磨碎花药授粉，则能受精结实。

二、纯合不育株的花药发育

刁现民等在开花期用肉眼观察“Ch型”纯合不育株的花药，其大小、形状和颜色接近正常。但在放大镜和解剖镜下比较，纯合不育株的多数花药较为瘦小，药室不饱满，只有部分花药同正常可育株差别不明显。纯合不育株花药也能顺利伸出颖外，药室也始终不开裂不散粉。

切片观察发现纯合不育株的雄性败育自造孢细胞期到花粉开始积累时的各个时期均有败育发生，但多数败育集中在小孢子期，同一植株的不同小花间、同一小花的不同花药间以及同一花药的不同药室间，在败育与否、败育时期和败育方式上差异很大。约占2.4%的药室在造孢细胞分化期发育紊乱，正常的花粉母细胞、绒毡层、中层等壁细胞不能形成，药室小且不规则（图版2-2）。表现为花粉母细胞期败育的药室约占总数5%，败育形式为花粉母细胞退化解体，留下空的药室腔，绒毡层细胞发生液胞化或肥大生长（图版2-3）。占11%的药室其花粉母细胞能完成正常的减数分裂，形成小孢子，但小孢子尚未形成初生壁就解体消失，这种形式的败育往往伴随着绒毡层细胞排列变乱或不规则退化（图版 2-4）。切片处于小孢子期的花药，约占 74% 表现为败育，不同药室间败育早晚不尽相同，以大液泡期败育为多，败育的形式表现为小孢子的原生质体解体，留下初生壁（图版 2-5、6）。小孢子败育后，药室变为皱缩不规则，其药室腔缩小并含有小孢子退化的遗留物（图版2-7）。少数花药的 1 个、2 个或 3 个药室内有部分花粉能发育为正常可染色花粉（图版 2-8）。纯合不育株中也有极个别花药的发育和杂合不育株一致（图版 2-9）。开花期 I-KI 压片检查，大多数花药内无花粉或有少许不着色的败育花粉。约占总数 7% 的花药内含正常可染色花粉。

药室内细胞败育的纯合不育株的花药药隔表现较为一致，均为维管束鞘细胞不能形成或形成不规则（图版 2-2，4，5，6，7）。一些花药的维管束分化不良（图版 2-6），但也有的维管束部分分化未见明显异常（图版 2-5，7）。药室内细胞发育正常的花药，其药隔维束发育也正常（图版 2-9）。因此可以认为，造成雄性败育的重要原因是其药隔维管束异常，不能有效进行营养物质的输送。表现花粉母细胞退化和小孢子早期败育的药室，绒毡层往往发生液泡化、排列发生紊乱、不规则退化等（图版 2-3，4，6）。

三、“3:1 群体”中不育株的花药发育

对“Ch 型”显性核不育“3:1 群体”中的不育株进行

压片和切片观察发现，不育株的药室内细胞败育具有杂合不育株和纯合不育株两种方式，并分别同前述的“1:1 群体”中的杂合不育株和纯合不育株的败育表现相同。两种败育方式按理论值为2:1（杂合不育株：纯合不育株）的分离比例，实际观察结果和理论值经 χ^2 适合性测验是一致的（见下表）。

表　3:1 群体中不育株两种败育方式的 χ^2 测验

年份	总株数	杂合败育株数	纯合败育株数	χ_0^2	$\chi_{0.05,1}^2$
1988	74	46	28	0.476	3.84
1989	102	64	38	0.549	3.84

“Ch 型”显性核不育材料的一大特点是它既有杂合基因型不育株，又有纯合基因型不育株。刁现民等对“Ch 型”不育株花药发育的细胞形态学观察结果证明，杂合不育株的花粉发育正常，但在开花期花药不能形成“开裂腔”，致使花药不开裂、不散粉，造成雄性不育。纯合不育株的败育，则一方面表现为药室内的细胞败育，其败育原因是药隔维管束异常，特别是维管束鞘细胞不能形成；另一方面也同样表现在开花时花药不能形成“开裂腔”，花药不开裂不散粉。这说明“*Ms*”雄性不育基因在纯合状态和杂合状态下的作用效应是不同的，这一特点从不育株花药发育的细胞学观察中得到了有力证实。同时，也证明“Ch 型”3:1 群体中显性纯合不育株的真实存在，有力支持了获得“显性核不育纯合一型系”的可靠性和可信性。

刁现民等对“Ch 型”不育株花药发育的细胞学观察和引入“开裂腔”的概念，较为完善地解读了“Ch 型”显性核不育特殊的开花行为，也为“Ch 型”的杂优利用提供了细胞学依据。

第七章
“Ch 型”显性核不育谷子的开花生态学观察

第一节

“Ch型”显性核不育谷子的育性不受产区地域生态条件的影响

“Ch型”显性核不育的杂合不育株，花药、花粉发育基本正常；其纯合不育株花药败育的情况较为复杂，因而造成花粉败育，但败育不彻底，药内含有11.7%的圆形可染色花粉（胡洪凯，1987）。然而，两种不育株的“散粉机制”均缺失，开花后花药始终不开裂，不散粉，表现雄性不育。

就应用来讲，“Ch型”显性核不育这种“散粉机制”缺失，在谷子产区内受不受地域性生态条件的作用而影响其育性的稳定性，这是首先需要摸清的。1987—1988年，我们在全国谷子产区，南起河南安阳、陕西武功，北至黑龙江齐齐哈尔，东起山东泰安、辽宁锦州，西至甘肃张掖，安排15个点对“Ch型”显性核不育材料进行了为期两年的生态观察。结果表明，各观察点的育性表现稳定一致，花药始终不开裂，不散粉，自交不结实，为全不育。说明在谷子产区内其不育性不因地域生态条件的改变而受到影响，从而肯定了“Ch 型”显性核不育在全国谷子产区内的应用价值。朱光琴（1997）报道，全国 10 个科研单位引用“Ch 型”显性核不育基因“*Ms*”为杂交工具，测配了 1300 多个组合，从中选出了 10 多个不育材料，对此作出了有力的佐证。

第二节

低纬度地区的地域生态条件对“Ch 型”自交结实性的影响

在得到显性上位性恢复源——181-5 之后，“Ch 型”显性核不育的不育性能否得到“保持”和繁殖，也就是能否获得显性纯合的全不育群体成为应用的关键。我们在赤峰连续种植 7 个遗传世代的上千个姐妹交成对后代中，每一世代都出现有少量大群体的全不育系行，但这些全不育系行经不起回交，一经回交其育性仍回归 1∶1；下一世代又另有少量系行出现全不育，如此往复。这说明在赤峰（谷子产区内）难以获得显性核不育纯合一型系。多年南繁发现，“Ch 型”不育株在低纬度的海南三亚、通什，广东湛江等地的地域生态条件下，都有部分花药开裂散粉的现象，并能收到 6% ~10% 的自交种子（即自交结实率由

0.6%提高到8.0%～10%）；并在三亚通过连续两代自交，已把显性纯合不育株鉴定筛选出来，又在三亚，即相同的生态条件下隔离自繁，成功地繁殖出稳定的全不育群体“显性核不育纯合一型系”。这说明“Ch 型”显性核不育缺失了的“散粉机制”在南方（北纬21°以南）特定的生态条件下得到部分恢复，为这种不育性的应用提供了必不可少的生态条件。

把南繁季中的和赤峰夏季的光照时数和温度等生态因子作一比较发现，“Ch 型”不育材料在赤峰和三亚两地种植时的穗分化期、孕穗期和抽穗期的温度等因子十分相近，唯日照时数相差较大。该期三亚日照时数一般为11.2小时，而赤峰一般为14.9小时。

1985—1986年，在赤峰进行“不同日照时数与不育株自交结实率的关系”的试验得出结论：结实率与日照时数呈明显相关，群体发育阶段相同，日照长度不同，结实率最高值为10～12小时/天；群体发育阶段不同，只要每天通过10～12小时的短日照处理，均可获得结实率的最高值。这一结果，与在海南三亚获得并繁殖出显性核不育纯合一型系事实相一致。因此，可以认为：每天低于11.2小时的短日照是造成“Ch 型”不育株花药部分开裂散粉、自交结实不可缺少的生态条件，也是“保持”和繁殖显性核不育必不可缺的生态条件。

另外，影响自交结实的因子还可能存在某些修饰基因的作用，使部分花药开裂，而不是全部花药开裂。

纯合不育株在海南三亚还出现罕见的“节上分枝”（图版5），这是在北方谷子产区内，即使在温室中延长其生长期，也未见过的生长现象，显然是由于三亚当地生态条件造成的，这对提高纯合一型系的繁种产量十分有利。

谷子是一种典型的短日照作物，在短光照条件下，生育期明显缩短，个体发育加快推进，“Ch型”显性核不育也不例外。因此，研究日照（或短日照）等生态条件给“Ch型”不育材料的影响及其产生的效应，对其应用有十分重要的意义。

第八章

“Ch型”谷子显性核不育基因的起源

——兼谈“复等位”遗传假说

第一节

作物雄性不育的分类

植物雄性不育是自然界的常见现象，由于雄性不育材料在作物杂种优势利用和作物品种改良方面的特殊功能，作物雄性不育的研究和利用受到广泛重视。

雄性不育一般可分为细胞质不育和细胞核不育两大类。细胞质不育，即核质互作不育，其不育性是由细胞质基因和细胞核基因共同控制的，人们已经在玉米、高粱、水稻、油菜等一些作物上获得这种不育材料，并在生产上得到广泛地利用。细胞核不育，即核不育，其不育性是由细胞核基因控制的，人们也已经在玉米、棉花、谷子、水稻、小麦、大麦、油菜、蕃茄、大白菜和洋葱等许多种作物上发现和诱导出这类雄性不育材料，有的已在生产上得到利用。在核不育材料中，多数是由隐性基因控制的，只有极少数受显性基因所控制。迄今，世界上仅在 10 种作物中发现了 14 例显性核不育材料，它们是：小麦 2 例、水稻 1 例、棉花 2 例、谷子 1 例、油菜 2 例、大白菜 1 例、马铃薯 1 例、莴苣2例、亚麻1例和红胡草1例。根据是否存在能使其恢复育性的显性上位基因，又把已经发现的显性核不育材料分为受单基因控制的显性核不育和基因互作型显性核不育两种类型。前者以太谷核不育小麦为代表，后者以赤峰核不育谷子为代表。

第二节

"Ch型"谷子显性核不育基因的起源

刘秉华（1991）通过对太谷核不育小麦和"Ch型"核不育谷子等显性核不育材料的研究，首次提出显性核不育基因起源的新理论。

单基因控制的显性核不育一般是人工诱发和自然突变的产物，由于显性基因突变的频率极低，所以这种材料很难发现。这种不育材料既找不到完全的恢复系，也找不到完全的保持系，后代总是分离出一半不育株和一半可育株。

太谷核不育小麦从1972年被高忠丽发现至今，已进行了许许多多的测交、回交，后代育性均出现1∶1分离。它的显性不育单基因*Ms*2位于4D染色体的短臂上，现已转育到许多小麦品种中。FS-6是Sasakuma等用EMS处理粗山羊草与普通小麦的属间杂种诱发的显性雄性不育突变，其显性不育单基因*Ms*3在5A染色体的短臂上。

基因互作型显性核不育的育性是由显性不育基因和恢复其育性的显性上位基因共同控制的，当二者共处于同一个个体时表现正常可育，而显性不育基因单独存在时，则表现雄性不育。显性上位基因只对不育基因起作用，仅携带显性上位基因的材料也是正常可育的。显性上位基因的作用属调控性质，它不独立控制某一性状，只是在它与显性不育基因共同存在时，能抑制不育基因的表达，而使不育恢复可育。

谷子等自花授粉作物的花器构造和花粉数量都不很适合于异花授粉，其开放授粉的异交结实率也远不如自交结实率那么高。这样，即使在自花授粉作物的品种中发生了显性核不育突变，也会逐渐被自然选择的压力所淘汰而不能长期存留下来。显性核不育基因要在一个作物和品种的群体中传留下去，最好是伴随着不育基因而存在一个能恢复其育性的显性上位基因。在自然界中，这种控制育性的遗传体系是确实存在的，它是在长期的进化过程中经过自然选择和人工选择而形成的。显性不育基因和显性上位基因或许最初就发生在一个个体之中，或许在以后由于自然或人工杂交而使两者重组在一起。

在谷子等自花授粉作物中，这种遗传体系中的显性不育基因和显性上位基因都处于纯合状态，在自交的情况下，两者没有分开的机会。当携带这两种显性基因的物种或品种与其他材料杂交时，才为二者的分离提供了条件，在杂交后代中就会有可能出现这种雄性不育材料。雄性不育的个体在后代群体中出现的频率取决于这两种基因是连锁遗传的，还是独立遗传的，以及上位基因的对数等。

如此，从杂交后代分离出来的显性核不育材料，一般都可以找到恢复系（携带上位基因的系），其恢复源（上位基因）来自提供显性不育基因的那个亲本及其衍生系。这与提供雄性不育细胞质的亲本，一般也是提供恢复基因的亲本的原理相类同。这种既存在显性不育基因，又存在显性上位基因的遗传体系虽然十分稀少，但只要熟悉这种遗传体系的遗传规律并注意观察，发现这种材料是完全可能的，并且机会远远大于单基因控制的显性核不育。

在杂交育种的过程中，杂交后代中偶尔会出现不育株，其中就可能存在这种遗传体系的材料。另外，在一个显性核不育材料（特别是从杂交后代中分离出来的核不育材料）发现以后，用双亲与之回交来测定是否有上位基因的存在，以确定属哪一类的显性核不育是十分必要的。

第三节

关于“复等位基因”的遗传假说

刘秉华（1991）指出，在我国发现的赤峰显性核不育谷子是基因互作型显性核不育的典型事例。它是胡洪凯等

(1984）在澳大利亚谷×吐鲁番谷的杂交后代中发现的。该不育材料花粉败育，但败育不彻底，花药内含有部分正常可育花粉，但在北方谷子产区内花药始终不开裂，不散粉，自交不结实；而在低纬度地区（例如：湛江、通什、三亚）则部分花药开裂，能收到6%左右的自交种子。该不育材料先后用400多个一般谷子品种授粉，其F_1代育性分离均为不育株：可育株=1∶1；其自交后代的育性分离符合不育株：可育株=3∶1的比率；如授以原组合的母本澳大利亚谷及其衍生系181-5的花粉，其F_1的育性均恢复可育。这说明澳不利亚谷携带着能恢复其育性的显性上位基因，由于它的存在而抑制了显性不育基因的表达。

显性上位基因是来自澳大利亚谷，而显性不育基因来自哪个亲本呢？在较小的澳大利亚谷×吐鲁番谷杂交后代的群体中发生自然突变的可能性是极小的，显性不育基因不可能是基因突变的产物。同时，自然突变具有“不可重复性”，1978年，我们重复组配澳大利亚谷×吐鲁番谷的杂交组合，已重新获得类似的显性核不育材料，这也佐证了显性不育基因不是变突而来。在选育谷子不育系的初期，已做了大量的品种间（含吐鲁番谷）、类型间的杂交，都未出现不育，但凡是以澳大利亚谷为亲本的组合，例如：澳大利亚谷×小红苗、澳大利亚谷×304、澳大利亚谷×张选76-52-2、澳大利亚谷×金银玉、澳大利亚谷×罗5、澳大利亚谷×格维赛夫斯基等都出现雄性不育现象。澳大利亚谷×小红苗杂交后代中出现的不育类型已确定为显性核不育。河北省张家口坝下农业科学研究所用澳大利亚谷为母本与中卫竹叶青、吐鲁番谷等品种杂交，也都出现雄性不育，其中“澳卫”不育系经过多代研究确定为显性核不育。这些事实说明，显性不育基因的获得是基因重组的结果。

另外，赤峰显性核不育谷子原组合的两个亲本澳大利亚谷和吐鲁番谷都是稳定的纯系品种。已知能使显性核不育恢复可育的显性上位基因存在于澳大利亚谷中，那么显性不育基因也一定存在于澳大利亚谷中，而不可能存在于吐鲁番谷中，因为只有显性不育基因与显性上位基因处于一体时，澳大利亚谷才能表现正常可育。如果显性不育基因单独存在的话，澳大利亚谷就一定会表现雄性不育而不再是一个纯种，这显然与两个亲本都是正常可育的品种，从未出现过不育株的事实不符。

综上所述，可以肯定显性不育基因和能恢复显性不育基因育性的显性上位基因都是来自同一亲本——澳大利亚谷。

马尚跃、李一中等（1990）在《谷子雄性不育复等位基因的发现初报》一文中用复等位基因解释上述的遗传现象。该文的作者认为：赤峰谷子显性核不育材料的“显性不育基因是雄性不育复等位系列基因之一，它与恢复源181-5（经实验证实是来源于原杂交组合的亲本澳大利亚谷）及一般品种构成复等位基因序列。用 Ms^A 代表澳大利亚谷（含“恢复源”181－5），用 Ms^N 代表一般谷子品种，用 Ms^{Ch} 代表该显性不育基因。其复等位关系是：Ms^A 对 Ms^{ch} 是显性，表型为可育；Ms^{ch} 对 Ms^N 是显性，表型是不育，构成 $Ms^A > Ms^{ch} > Ms^N$ 复等位基因序列，而 Ms^A 与 Ms^N 为共显性，表型可育。表型的可育与不育是由一对复等位基因决定的”。

用“复等位遗传假说”似乎可以解释赤峰显性核不育谷子所有的遗传现象，但并不能说明赤峰显性核不育谷子中就确实存在着控制育性的复等位基因系列。

刘秉华（1990，1991）指出，《初报》一文的作者报道了“Ms^A 来源于原杂交组合的亲本澳大利亚谷，但没有追踪显性不育基因 Ms^{Ch} 的来源，这是一个重要的疏漏，结果导致不正确的结论”。“这种看法的错误在于忽视了显性不育基因与恢复育性的基因来自同一亲本澳大利亚谷这一事实。”

如果，显性不育基因与其恢复育性的基因是等位关系，那么，两者共处的杂合体通过自交必定要发生育性分离。作为稳定品种的澳大利亚谷绝不会同时含有这两个具有等位关系的基因。现在既然证明二者都来自澳大利亚谷，那它们就一定不是等位关系，即不是复等位基因系列成员。只有“恢复基因”和不育基因是上位或抑制关系，才能在自交后代中不致把这两个基因分开，从而使澳大利亚谷保持正常可育。作为这两个基因的载体的澳大利亚谷一旦与其他的一般谷子品种杂交，就创造了使两个基因分开和重组的条件，就有可能在杂交后代中出现不育株。从后代中得到不育株的几率取决于这两个基因是独立遗传或是连锁遗传和上位基因（或抑制基因）的对数。

同时，在赤峰核不育谷子中，雄性不育和雄性可育是一对相应性状，受一对等位基因控制，如果181-5的恢复育性基因与上述基因是复等位基因关系，那么该复等位基因一定对应有另一性状，而事实并非如此。

对赤峰显性核不育谷子的遗传行为，在学术上存在两种不同的解读，引起《遗传》杂志的高度关注，并在该杂志（1991）开辟专栏，发起“争鸣”，促进了学术探索和发展。

第九章　“Ch 型”显性核不育谷子的细胞质转换

显性核不育基因已在小麦、棉花、谷子、水稻、油菜、亚麻、大白菜等多种作物中被发现，能抑制显性核不育基因表达的显性上位基因在谷子、油菜上也已有了较深入的研究，而显性核不育基因的细胞质转换尚未见报道。为了增加细胞质的异质性，扩大显性核不育作为杂交工具的应用范围和效率，朱光琴等（1994）开展了对"Ch 型"谷子显性核不育基因的细胞质转换研究。

他们以具有轮生狗尾草（*S. verticillata*（L.）Beauv.）细胞质的谷子（*Setaria italic*（L.）Beauv.）核质杂种[①]为母本，以"Ch 型"谷子显性核不育材料中带有显性上位基因 *Rf* 的植株（Rf_/rfMs）为父本，进行手工杂交，将显性核不育基因导入轮生狗尾草细胞质中，从分离后代中选出 5 个具有显性核不育基因的新异质系。

所选的 5 个异质系，在不育株姐妹交繁殖时，其子代育性分离比例为 1∶1；再用多品种与此 5 个异质系的不育株

① 这种谷子核质杂种来源于轮生狗尾草的四倍体类型法狗 114（2n = 4x = 36）为母本，与谷子同源四倍体御 A 中分离出来的可育株作桥梁父本，于 1984 年用手工杂交，以原父本回交一次后用山丹油条谷多次回交选育而成

成对测交，测交子代的育性分离比例也为1:1。

对其败育特征的观察发现，此5个异质系与原始的“Ch型”显性核不育的败育特征相同，从小孢子母细胞减数分裂至花药发育成熟，均未观察到两者之间有明显的差异，都为功能败育型——花药内含成熟可染色三核花粉粒，但花药不开裂不散粉，唯一的差别是“Ch型”异质系套袋自交的结实率都在5%以上，高于“Ch型”不育株的自交结实率。

验证结果表明，选育的5个异质系的表现确实是将“Ch型”显性核不育基因导入轮生狗尾草细胞质的结果。因此，可以得出如下结论。

（1）一般地讲，通过有性过程不能改变细胞核显性核不育基因的细胞质背景，朱光琴等将“Ch型”显性核不育基因成功地导入轮生狗尾草细胞质中，开创了显性核不育基因细胞质转换的先例，也为研究在不同细胞质背景下的显性核不育基因的表达提供了工具。

（2）谷子是严格的自花授粉作物，谷子育种不管是常规育种或是杂种优势利用，单一细胞质是一个重要缺陷。以细胞质转换后的“*Ms*”为杂交工具，不仅可以免去繁杂而高难度的去雄手续，而且，提供了不同来源的细胞质背景，这对提高谷子育种的水平和效率都具有很大的意义。另外，外源细胞质的特殊功能日渐引起育种者的重视，无疑地，这种种间细胞质转换的异质系，在远缘杂交中更是一种不可多得的杂交工具，它的桥梁作用是难以代替的。

第十章
“Ch 型”显性核不育谷子的过氧化物酶同功酶分析

1990年，我们对“Ch型”显性核不育材料的过氧化物酶同功酶进行了初步分析。所用的试材分为3组，第一组：不育株，含1（不育）:1（可育）群体和3（不育）:1（可育）群体；第二组：可育株，含隐性纯合可育系和吐鲁番谷；第三组：含“Ch型”上位性恢复源181-5和澳大利亚谷。

实验结果显示：

1. “Ch型”显性核不育材料的过氧化物酶的整个酶谱共有五个显带区。第一显带区由两条活性很强的酶带组成；第四显带区也是由两条酶带组成，其中一条酶带的活性很强，它和第一显带区的两条酶带在3组6份材料中都出现，是主酶带；第四显带区的另一条酶带活性次弱，也同时出现在3组6份试材中，属次主酶带；第二、三、五显带区在3组6份材料中显带各不一致，是属特异酶带，它们的特点不同，试材的遗传功能也不同，它们在特点上的差异很可能在某种角度上反映了试材的遗传本质（图10-1）。

2. 澳大利亚谷和181-5两份试材的酶带很相似，这可能和澳大利亚谷、181-5都携带显性上位基因有关。其中，

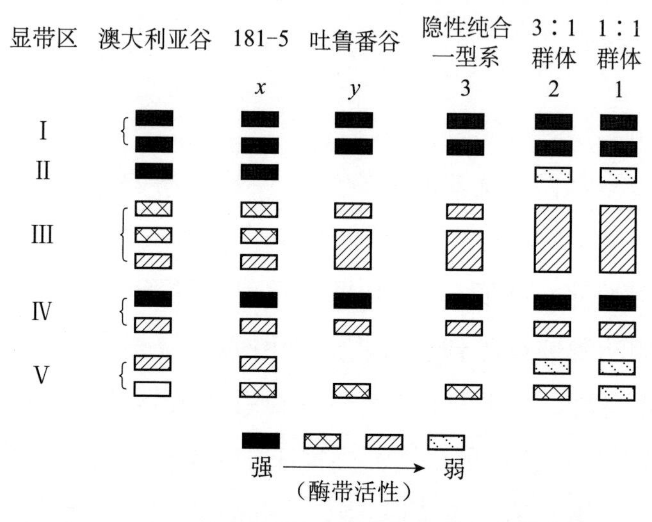

图 10-1　“Ch 型”不育材料的过氧化物酶同工酶酶带模式

（引自王朝斌等：《“Ch 型”谷子显性核不育材料过氧化物酶同工酶研究简报》）

在第二显带区，都出现一条两者特有的活性很强的主酶带；在第三显带区出现两条两者特有的活性次强的酶带。这种特异酶带的出现也许可能成为鉴别纯合上位系的生化指标，这给实验室鉴别上位性恢复系提供了依据、方法和捷径，这对选育纯合上位系有很大指导意义和实用价值。

3. 吐鲁番谷和隐性纯合可育系的酶带完全相同，它们在第二显带区都不显带，在第三显带区都出现活性次弱的酶带，在第五显带区都只有一条活性次强酶带。第二显带区的缺失，也可能作为鉴别隐性纯合可育系的生化指标。

4. 1∶1 不育群体和 3∶1 不育群体的酶带也很相似，其第二显带区都出现一条活性弱的酶带；第三显带区仅出现一条活性次弱的宽式酶带，也可能成为鉴别不育系的生化指标。

这三组酶带都有各自的特征，这在应用上非常有价值。目前，特别在上位系的选育还存在着不少困难，例如，杂交和核置换多次回交时盲目性很大，去雄要投入大量劳力，且进展慢，效率低，如果田间选育和实验室同功酶测定结合起来，那将会收到事半功倍的效果。

从“Ch 型”显性核不育的过氧化物酶同工酶分析中，可能得到以下启发：“Ch 型”谷子显性核不育材料由于“*Ms*”基因的存在，植物体内可能出现某种生理阻碍物，导致生长中的某一生理环节的差异，或使某些和育性相关的功能发生改变而造成不育现象，而上位系的恢复性可能是由于体内某些过氧化物酶的存在及活动，消除了某种生理阻碍物的作用而使“Ch 型”的不育性恢复可育的。吐鲁番谷和隐性纯合可育系既不能产生某种生理阻碍物，也没有能消除这种阻碍物的同工酶，所以表现正常可育。这种假设尚需进一步证实。

第十一章

谷子显性核不育基因 Ms^{ch} 的 AFLP 标记

根据谷子显性雄性不育基因 Ms^{ch} 的遗传和生态表现，建立起显性核不育的“三系配套”（或“二系配套”）制种体系（胡洪凯等，1990），解决了显性核不育在杂种优势利用中的育性恢复和不育系繁殖或在杂交制种时要剔除 50% 可育株等难题，为作物杂种优势利用开辟了一条新途径。

为快速有效地实现上述制种体系的生产应用，把显性上位基因源 181-5 所携带的上位基因 *Rf* 转育到更多不同遗传背景的优良品种中，得到大量优良恢复系，以满足亲本选配的需要。但是，由于谷子的花器小、花粉量少，以及花器构造和开花习性的特殊性，用常规的育种手段来实现这一目标时，需要人工去雄，工作量很大，选育效率低。因此，借助于分子标记辅助选择技术可以对后代个体的基因型进行快捷、准确、有效地鉴定和筛选，能加速转育的进程，从而促进上述杂交制种体系的生产应用。

2005 年，石云素等在国家自然科学基金的资助下，对“Ch 型”谷子显性核不育杂交制种体系中的关键基因——显性雄性不育基因 *Ms* 和显性上位基因 *Rf* 开展 AFLP 标记的研究，并获得 2 个不育基因 *Ms* 的 AFLP 标记 P17/M37、

P35/M52 和 2 个上位基因 *Rf* 的 AFLP 标记 E15/M52、E20/M41（袁进成、石云素等，2005）。不育基因 *Ms* 的 AFLP 标记 P17/M37、P35/M52 与不育基因 *Ms* 紧密连锁，且位于 *Ms* 基因的同一侧，与不育基因 *Ms* 的遗传距离分别为 2.1cM 和 1.4cM，这 2 个标记间的遗传距离为 0.7cM。上位基因 *Rf* 的 AFLP 标记 E15/M52、E20/M41 与上位基因 *Rf* 紧密连锁且位于 *Rf* 基因的同一侧，与上位基因 *Rf* 的遗传距离分别是 7.0cM 和 12.7cM，这 2 个标记间的遗传距离为 5.7cM。

另外，*Ms* 基因的来源一直备受人们的关注。“Ch 型”不育材料来自澳大利亚谷×吐鲁番谷的杂交后代中，重复澳大利亚谷×吐鲁番谷和反交吐鲁番谷×澳大利亚谷，都可以重新获得与“Ch 型”遗传表现完全相同的不育材料。在大量的品种间杂交组合（包括吐鲁番谷×普通品种）中都未见有不育株出现；但凡以澳大利亚谷为亲本的组合都无不例外地出现不育株，并已确认，澳大利亚谷×小红苗、澳大利亚谷×中卫竹叶青中出现的不育都为显性核不育。因此，可以确定：不育基因“*Ms*”来源于原组合的母本澳大利亚谷，是基因重组而来，不是基因突变而来。谷子显性雄性不育基因 Ms^{ch} 的 AFLP 标记及上位基因 *Rf* 的 AFLP 的获得，从分子水平上佐证了上述结论，为显性核不育基因来自澳大利亚谷提供了分子依据。

第十二章　“Ch 型”显性核不育谷子，堪称绿色王国的明珠

细胞核不育是自然界常见的雄性不育现象，但是，在众多的核不育中，绝大多数是由隐性基因控制的，即隐性核不育。只有极少数是由显性基因控制的，即显性核不育。迄今，只在 10 种作物中发现过 14 例显性核不育，即小麦 2 例、棉花 2 例、谷子 1 例、油菜 2 例、大白菜 1 例、水稻 1 例、马铃薯 1 例、莴苣 2 例、亚麻 1 例和红胡麻草 1 例。

第一节

“Ch 型”显性核不育谷子的遗传体系

“Ch 型”谷子显性核不育材料及其育性恢复材料 181-5，是作者（1978，1979）在澳大利亚谷 × 吐鲁番谷的杂交后代中获得的。该不育材料的不育株总是以杂合状态存在，它与任何谷子品种、品系杂交，F_1都发生育性分离，而且，总是分离出一半不育株和一半可育株；其不育株在特定条件下能部分自交结实，自交后代的育性为 3（不育）：1（可育）；其可育株后代的育性不再分离。通过回交把这种不育性转入不同遗传背景的品种中，甚至转入狗尾草的异源细胞质中，也不会改变上述的遗传表现，证明其不育性和细胞质无关。将它授以澳大利亚谷或181-5的花粉，F_1全部恢复可育。这是在谷子中是首次发现。1984年，确认这个不育材料为显性核不育，把这个显性雄性不育基因定名为Ms^{ch}（用符号*Ms*表示），同时育成赤型谷子显性雄性不育材料（简称“Ch型”）。把这个恢复*Ms*育性的基因定名为*Rf*。为了解读*Ms*的“不育性能被恢复可育”这一特殊现象的遗传机理，我们对不育基因*Ms*和恢复基因*Rf*的遗传关系和来源，进行了深入的追踪，证实显性核不育基因*Ms*和恢复基因*Rf*都来源于同一亲本澳大利亚谷，且连锁于同一染色体上，其交换率为2.25%，从而认确“Ch型”显性核不育是一份基因互作型不育材料，其育性是受两对显性连锁基因*Ms*_和*Rf*_上位互作控制的。当显性不育基因*Ms*与显性上位基因*Rf*共存于一体时，*Rf*能抑制*Ms*的表达，表现可育；当*Ms*单独存在时，则表现不育。*Rf*只对*Ms*起作用，它不控制某一性状，仅携带*Rf*的材料也是正常可育的。*Ms*和*Rf*的连锁关系是在杂交后代中只出现少量不育株的遗传原因。

显性核不育在自然界是十分稀少的，还伴有一个特殊的上位基因，形成基因互作型显性核不育，更是少之又少。同时，在“Ch型”谷子显性核不育体系中的显性不育基因*Ms*与显性上位基因*Rf*又是互为连锁的，这是在植物界的首例报道。这样多种遗传现象集中于一身的材料在自然界是十分罕见的，也是十分珍贵的，“Ch 型”显性核不育谷子，堪称绿色王国的明珠！

对“Ch 型”显性核不育的遗传研究得到如下启示。

（1）这种由杂交而来，能找到“上位基因”显性核不育是一种植物雄性不育的新类型——“基因互作型”雄性不育，即核互作型雄性不育。

（2）从后代中分离出来的显性核不育，一般都可以找恢复系（携带上位基因的材料），其恢复源（显性上位基因）来自提供显性核不育基因的那个亲本及其衍生系。如果在一个杂交组合的后代中出现不育株，其中就有可能存在这种类型的不育材料，用原组合的双亲与之回交，来测定是否有“上位基因”的存在，以确定其不育类型，是十分必要的。

（3）在对“Ch 型”显性核不育研究中，提出的植物雄性不育新类型及其遗传模式和研究方法，不仅是对谷子，而且对其他作物也有应用参考价值。同时，揭示了植物雄性不育现象在基因层面上的微观奥秘，使人们对植物雄性不育现象的“多样性”有更深刻的认识，使育种家从单个位点的不育基因放眼到 2 对或 2 对以上基因及其多种互作形式在杂种优势中应用的可能性。因此，丰富了植物雄性不育研究的理论宝库，拓宽了植物雄性不育遗传学的研究领域。

第二节

“Ch型”显性核不育谷子的应用体系

显性核不育的特点是，它的杂交后代恒定分离出一半不育株和一半可育株，既没有保持系也没有恢复系，无法生产出大量的F_1杂交种子，不能进行杂种优势利用。但是“Ch型”显性核不育谷子是一个例外。首先是它有一个能够恢复育性的上位基因*Rf*，解决了育性恢复问题。还有，它的不育株花粉败育但不彻底，花药内有部分发育正常的有效花粉，然而在北方谷子产区内花药始终不开裂、不散粉，造成不结实，而且不受产区地域生态条件的影响，不育性十分稳定。但是，在纬度低于21°的特定条件下，部分花药开裂散粉，能产生6%～10%的自交种子，可育成显性核不育纯合一型系和显性核不育杂合一型系，形成一种特独的“两级繁种和三系制种”体系，从而实现“Ch型”显性核不育杂种优势利用这一目标。

以往国内外对核雄性不育系的研究主要集中在利用单个的隐性或显性不育基因，隐性核不育的保持依靠与杂合可育株的姐妹交，显性核不育则靠与可育材料异交保持。杂种种子的生产则采用二系法，但必须人工剔除混在不育系中的50%可育株，这就成了核不育在杂优利用中，特别是对密植栽培的自花授粉作物来说，是一道不可逾越的障碍。“Ch 型”显性核不育谷子杂种优势应用模式的建立，特别是首次育成显性核不育纯合一型系，改变了显性核不育的育性恒定 1∶1 分离的特点，从而使不育系繁殖或杂交制种时无需剔除 50% 的可育株。这不仅使显性核不育在杂种优势中应用更方便有效，同时还克服了核不育在杂种优势利用中的主要障碍，实现“两级繁种”和“三系配套”制种，打破了显性核不育无法在杂种优势利用中直接应用的传统观念。

在杂种优势利用中，不育系是十分重要的工具，除了利用核质互作雄性不育系外，利用基因互作雄性不育系同样是一条富有潜力的途径。核质互作雄性不育系的利用和核基因互作雄性不育系的利用相互补充，或许成为我国杂种优势利用的持色。

显性核不育纯合一型系可在低纬度地区的“一级繁种田”中隔离自交，得以持续扩繁。在北方谷子产区内，显性核不育纯合一型系在“二级繁种田”中与隐性纯合可育系杂交，繁殖制种田用的母本不育系——杂合一型系（育性为 100% 不育）。隐性纯合可育系对显性核不育纯合一型系只起一代保持作用。显性纯合一型系的这种“自我繁殖功能”使这种“三系制种法”无需特定的保持系。

显性核不育纯合一型系在低纬度条件下会出现一种罕见的“节上分枝”成穗的生长现象，这是一种提高显性核不育纯合一型系繁殖产量的简便办法。

在提高纯合一型系的繁殖产量以后，还可以直接用纯合一型系和纯合上位系杂交制种，变三系制种为二系制种，省去隐性纯合可育系，实现纯合一型系自繁并直接制种，从而降低杂种优势利用的生产成本，提高杂种优势利用效益。

另外，所有谷子品种的基因型都是隐性纯合的，都可以用来作为隐性纯合可育系。在选择隐性纯合可育系时，如果考虑配合力和性状互补等因素，还可增强杂交种优势。

如此应用，变幻神奇，“Ch 型”显性核不育谷子，可谓绿色王国的明珠！

第三节

“Ch 型”显性核不育谷子的基因型及其相互关系和在杂优利用中的功能

“Ch 型”显性核不育谷子来自澳大利亚谷和吐鲁番谷的杂交后代。澳大利亚谷（RfMs/RfMs）与吐鲁番谷（rfms/rfms）杂交（含反交），其子一代都是杂合可育株（RfMs/rfms）。由于显性不育基因 *Ms* 和显性上位基因 *Rf* 是连锁遗传，子二代只分离出少量的不育株（rfMs/rfms、rfMs/rfMs）。

杂合不育株（rfMs/rfms）在海南岛冬繁的生态条件下自交，其子代按 1∶2∶1 的比例分离出 1/4 显性纯合不育株（rfMs/rfMs）、2/4 显性杂合不育株（rfMs/rfms）和 1/4 隐性纯合可育株（rfms/rfms），其育性是 3 不育∶1 可育。

显性纯合不育株（rfMs/rfMs）在海南岛冬繁条件下自交，子一代全部都是显性纯合不育株（rfMs/rfMs）。用这种方法可以持续不断地保存和扩大繁殖显性核不育纯合一型系（rfMs/rfMs）。这种"自我繁殖功能"使"Ch 型"显性核不育无需特定的保持系。

显性核不育纯合一型系（rfMs/rfMs）在北方谷子产区内，被隐性纯合可育系（rfms/rfms）或吐鲁番谷及其它双隐性品种杂交，其子一代全部是杂合不育株（rfMs/rfms），其育性是 100% 不育。用这种方法可以在正常条件下繁殖出显性核不育杂合一型系（rfMs/rfms），来作为"三系法"制种的母本不育系。如果继续用双隐性纯合可育系（rfms/rfms）回交，其子一代就不再是 100% 的雄性不育株了，而是按 1∶1 的比例分离出杂合不育株（rfms/rfMs）和双隐性的纯合可育株（rfms/rfms）。因此，具有双隐性的纯合可育系只是显性核不育纯合一型系的临时保持系，或称一次性保持系。

澳大利亚谷（RfMs/RfMs）与吐鲁番谷（rfms/rfms）杂交，其子二代除了能分离出少量不育株外，同时还分离出三种显性纯合上位系（RfMs/RfMs、RfMs/Rfms、Rfms/

Rfms)。这三种不同基因型的显性纯合上位系和显性纯合一型系杂交，其子一代都是可育的（Rf_/rfMs）；和显性杂一型系杂交，其子一代也都是可育的（Rf_/rf_）。因此，上述三种携带显性纯合上位基因的可育株都是恢复系。选用适当的显性杂合一型系（rfms/rfMs）作母本与恢复系（RfMs/RfMs、RfMs/Rfms、Rfms/Rfms）中的任一种显性纯合上位系杂交，获得的F_1就是通过“三系制种法”生产的F_1杂交种子（Rf_/rf_）。在提高显性纯合一型系的繁殖产量后，直接选用适当的显性纯合一型系（rfMs/rfMs）作母本和恢复系（RMs/RfMs、RfMs/Rfms、Rfms/Rfms）中的任一种显性纯合上位系杂交，获得的F_1就是通过“二系制种法”生产的F_1杂交种子（Rf_/rf_）。

第四节

加强对“Ch 型”显性核不育谷子的基础研究

“Ch 型”显性核不育谷子的育性恢复靠携带上位基因的可育系（即显性纯合上位系）。根据“恢复源”（上位基因）来自提供显性核不育的那个亲本及其衍生系”的原理，“Ch 型”显性核不育的恢复系仅存在于澳大利亚谷和181-5 及其衍生系中，但它们都不是生产上应用的优良品种，而且，还难免带有澳大利亚谷野生性的痕迹。现有的优良品种也不能直接拿来筛选上位性恢复系，为满足自由选配组合的需要，把显性上位基因转移到不同遗传背景或不同细胞质背景的优良品种中是十分必要的。但是，谷子是一种典型的自花授粉作物，其花器小，花粉量少，花器构造和开花习性的特殊性，去雄杂交的难度大、工作量大、假杂交率高，使回交转育恢复系（携带上位基因的可育系）的进程变得很慢，这是“Ch 型”显性核不育谷子在应用上的一个难题。为解决这一难题，作者（1992）提出利用携带显性上位基因的 181-5 参与群体改良——轮回选择，通过“轮选”的程序（可以避开人工去雄）把显性上位基因注入改良群体中，从改良群体中释放出来的优良基因重组体，就可能有同时携带上位基因的可育株。用这种可育株为父本和不育株测交，凡测交一代是全可育的，其测交父本就是一个新的上位系。

“Ch 型”显性核不育谷子还有许多特点，如：其不育性是受显性不育基因和显性上位基因共同控制的，但在特定的生态条件下又有特殊的表现，而又不同于光敏型和光温敏型的核不育；它的雄性败育，但又败育不彻底，同时还伴随着花药不开裂的遗传机制；它的纯合不育株和杂合不育株间雄性败育的形式和程度有较大的差别；它在不同遗传背景和生态条件下的遗传表现和生理生化表现也有其特殊性；不育基因与上位基因既互作又连锁等。作为育种工具，还需在细胞质转换、远缘杂交、轮回选择和拓建基因库等方面做进一步研究。

“Ch 型”显性核不育谷子是基因互作型雄性不育的典型实例（刘秉华，1991），对它的进一步研究就让人们加深对基因互作型雄性不育的认识，因此，对“Ch 型”显性核不育谷子的研究具有普遍的意义。

作者期待对“Ch 型”不育材料更深入的研究和进一步生产应用，以丰富植物雄性不育遗传学理论，推动谷子生产水平提高。

参考文献

鲍文奎. 1982. 植物雄性不育的综合理论和应用［J］. 北京：中国农业科学，15（1）：32-37.

崔文生，孔玉珍，赵治海，等. 1991. 谷子光敏型隐性核不育材料“292”选育研究初报［J］. 华北农学报（S1）.

崔文生，马洪锡，张德勇. 1979. 谷子雄性不育“蒜系28”的选育与利用［J］. 中国农业科学（1）：43-46.

戴尹惕，何觉民. 1996. 生态遗传雄性不育理论与两系杂交植物［J］. 湖南农业大学学报（自然科学版）（4）：315-320.

邓景扬，高忠丽. 1980. 小麦显性雄性不育基因的发现与利用——太谷不育小麦鉴定总法［J］. 作物学报，6（2）：85-98.

邓景扬. 1978. 太谷核不育小麦［M］. 北京：科学出版社.

刁现民，王朝斌. 1991. 谷子“Ch型”显性雄性核不育花药发育的细胞形态学研究［J］. 华北农学报，6（1）：13-17.

高忠丽. 1987. 太谷核不育小麦的发现［C］//. 邓景扬. 太谷核不育小麦. 北京：科学出版社.

胡洪凯，等. 1990. “Ch型”谷子显性核不育材料在杂种优势中

应用途径的讨论［C］//. 中国遗传学会植物遗传理论与应用研讨会文集，南京，450-456

胡洪凯，等. 谷子细胞核显性基因互作雄性不育系的选育繁殖制种技术：ZL90103461.4［P］. 1993.

胡洪凯，马尚耀，石艳华. 1986. 谷子（*Setaria italica*）显性雄性不育基因的发现［J］. 作物学报，12（2）：73-78.

胡洪凯，石艳华，王朝斌，等. 1991. 谷子核显性基因互作雄性不育系的选育与配套［J］. 作物杂志（2）：6-7.

胡洪凯，石艳华，王朝斌，等. 1993. “Ch 型”谷子（*Setaria italica*）显性核不育基因的遗传及其应用研究［J］. 作物学报，19（3）：208-217.

胡洪凯，王朝斌. 1991. 是“基因互作”，还是“复等位”？——兼与马尚耀先生讨论［J］. 遗传，13（5）：34-36.

华北农业大学，中国科学院遗传研究所，广东农林学院，等. 1976. 植物遗传育种学［M］. 北京：科学出版社.

蒋自可，刘金荣，王素英. 应用 Ch 显性核不育材料进行谷子常规育种研究［J］. 现代农业科技（6）：135-136.

李炳泽，等. 1982. 杂交水稻的研究和实践［M］. 上海：上海科技出版社.

李树林，钱玉秀，吴志华. 甘蓝型油菜细胞核雄性不育性的遗传规律探讨及其应用［J］. 上海农业学报，1（2）：1-11.

李树林，钱玉秀，周熙荣. 1990. 显性核不育油菜的遗传性［C］//. 中国遗传学会植物遗传理论与应用研讨会文集.

李荫梅. 1997. 谷子育种学［M］. 北京：中国农业出版社.

刘秉华．1991．就《谷子雄性不育复等位基因的发现初报》一文与马尚耀等同志商榷［J］．遗传，13（4）：35-36.

刘秉华．1991．作物显性雄性不育基因起源的探讨及应用途径分析［J］．大自然探索（3）：31-36.

刘秉华．1993．作物显性雄性不育基因分类与起源的探讨［J］．遗传，15（6）：32-34.

刘秉华．1994．小麦核不育性与轮选择育种［M］．北京：中国农业科学技术出版社．

刘秉华．2001．作物改良理论与方法［M］．北京：中国农业科学技术出版社．

刘定富．1991．植物显性核不育恢复性遗传的理论研究［J］．湖北农学院学报（3）：不详．

刘晓辉．1993．谷子杂种优势利用的研究［J］．北京农业大学学报，2（23）：95-97.

刘祖洞．2010．遗传学（上册）［M］2 版．北京：高等教育出版社.

马尚耀，李一中．1990．谷子雄性不育复等位基因的发现初报［J］．遗传，12（1）：9-11.

马尚耀．1991．是“基因互作吗”？——兼与胡洪凯先生讨论［J］．遗传，13（5）：36-38.

内蒙古农牧科学院胡麻育种课题组．1986．核不育油用亚麻研究初报［J］．华北农学报（1）：87.

石艳华．1989．“Ch 型”谷子显性核不育材料在常规育种中应用途径的探讨［J］．粟类作物，(7)：不详．

王朝斌，等．“Ch 型”谷子显性核不育材料的过氧化物酶同功酶研究简报［J］．粟类作物，1990（2）：不详．

王朝斌，石艳华．1992. 谷子 Ch 型显性不育性恢复可育机制的探讨［J］．华北农学报，7（4）：39-45.

王琳清，程俊源，施巾帼，等．1980. 小麦显性单基因控制的雄性不育材料“2-2-3”的研究和利用［J］．中国农业科学，13（2）：1-8.

王天宇，杜瑞恒，赫风．1993. 夏谷高度雄性不育系的研究与利用［J］．中国农业科学，26（6）：88.

王天宇，辛志勇，石云素．2000. 抗除草剂谷子新种质的创制、鉴定与利用［J］．中国农业科技导报，2（5）：18-20.

王天宇．1998. 抗除草剂基因在作物杂种优势中的利用及进展［J］．作物杂志（5）：33-34.

延安市农业科学研究所．1972. 谷子雄性不育育种小结［J］．陕西农业科技（5）：15-16.

颜龙安，张俊才，朱成，等．1989. 水稻显性雄性核不育基因鉴定初报［J］．作物学报，15（2）：174-181.

杨天育．1998. 我国谷子遗传育种研究进展［J］．甘肃农业科技（11）：10-12.

袁进成，程校云，姚志刚．2015. 谷子显性恢复基因的 AFLP 分析［J］．湖北农业科学，54（7）：1 547-1 551.

袁进成，石云素，等．2005. 谷子显性雄性不育基因 Ms^{ch} 的 AFLP 标记［J］．作物学报，31（10）：1 295-1 299.

张辉，陈鸿山，王宜林．1993. 显性核不育亚麻的雄性不育性研究［J］. 北京农业大学学报，19：144-146.
张书芳，宋兆华，赵雪云. 1990. 大白菜细胞核基因互作雄性不育系选育应用模式［J］. 园艺学报，17（2）：117-124.
张天真. 2011. 作物育种学总论［M］. 北京：中国农业出版社.
赵治海，许寅生，朱学海. 2000. 谷子杂种优势利用的途径及前景［J］. 河北北方学院学报（自然科学版）（1）：1-2.
朱光琴，陈雪婷，朱静林，等. 1994. 谷子显性雄性不育基因“Ms^{ch}”的细胞质转换［J］. 西北植物学报，14（5）：33-35.

附文　我国作物显性核不育研究的概述

胡洪凯

（内蒙古赤峰市农业科学研究所，赤峰，024031）

中国农学会等编．种子工程与农业发展，

中国农业出版社，1997. 555-561

细胞核雄性不育（即核不育），是自然界最常见的雄性不育现象。在众多的核不育材料中，绝大多数是由隐性基因控制的（即隐性核不育），只有极少数是由显性基因控制的（即显性核不育）。迄今，世界上仅在10种作物中发现14例显性核不育材料。在中国，继太谷核不育小麦发现以后，又在谷子、油菜、大白菜、棉花、水稻、亚麻等作物中发现了显性核不育现象，由基因互作型显性核不育在国外尚无报道。本文就上述几种作物的显性核不育研究和应用，显性核不育在我国植物雄性不育研究和杂种优势利用领域中的地位作一简要概述。

1. 单基因显性核不育和基因互作型显性核不育

目前在我国发现的显性核不育材料可分为两大类：单基因控制的和基因互作型的。

1.1　单基因控制的显性核不育

由单基因控制的显性核不育既没有完全的保持系，也没有完全的恢复系。它的原始不育株一般以杂合显性存在的。杂合不育株与普通品种杂交，F_1就发生育性分离，始终是按1∶1分离出各半的显性杂合不育株和隐性纯合可育株。这种材料通常是基因突变的产物，由于突变率极低，且不能重复，一般很难发现。最有代表性的实例是太谷核不育小麦和FS-6。FS-6是美国Sasakuma等用人工诱变的方法获得的。太谷核不育小麦是我国高忠丽（1972）在小麦复交后代“2-2-3”品系繁殖田中找到的，由邓景阳（1980）、王琳清（1980）等鉴定为单基因控制的显性核不育。最初只有一株，经过大量的测交、回交和姐妹交，后代均分里出50%的不育株和50%的可育株，既找不到完全的保持系也找不到完全的恢复系；可育株自交结实正常，后代育性不再分离。太谷核不育小麦的育性十分稳定，它以1∶1群体保存下来。

刘秉华（1984、1986）用染色体组定位、端体检测和端体分析等一套新的定位程序和方法，把太谷核不育小麦的显性核不育单基因*Ms2*（国际注册符号），即Ta1定位在

4D染色体的短臂上，距离着丝点31.6个遗传单位。为了使太谷核不育小麦能广泛地应用于小麦育种实验中，我国许多育种工作者已经把*Ms*2基因转育到众多的小麦品种上。刘秉华等（1991）报道，他们以太谷核不育小麦和矮变一号小麦为试材，育成了太谷核不育小麦的显性不育基因*Ms*2与矮变一号的显性矮秆基因*Rht*10紧密连锁的“矮败小麦”，其交换率不超过0.18%。两个显性基因连锁如此紧密，在小麦属甚至生物界都十分少见。刘秉华（1981）提出把太谷核不育小麦的不育基因转到八倍体小黑麦上的设想；纪风高等（1984）报道，已合成显性核不育的八倍体小黑麦新种；同时，*Ms*2不育基因染色体组易位材料的发现，为利用*Ms*2基因改良六倍体小黑麦提供了一条新途径。此外，我国还有许多科学工作者从植物形态学、生物学、生态学、细胞学、生物化学、遗传学等多方面对太谷核不育小麦进行了许多研究，累积了大量的科学资料。

除了太谷核不育小麦外，陈鸿山（1985）报道了在亚麻上发现1例显性单基因控制的核不育材料。颜龙安（1989）报道，在水稻“萍矮58×华野”的杂交后代中发现一个水稻单基因显性核不育材料，定名为“Ms-P”，并明确了“Ms-P”在减数分裂期日平均温度达到30℃以上时，可以产生少量正常花粉，且在幼穗分化期为最敏感。“Ms-P”的这一特点可能为水稻显性核不育产生全不育群体创造了条件，从而提高了它的应用价值。

1.2　基因互作型显性核不育

基因互作型显性核不育的育性是由显性不育基因和能使其育性恢复的显性上位基因共同控制的。显性上位基因只对显性不育基因发生作用，属调控性质，它不能独立控制某一性状。

胡洪凯等（1984）在谷子“澳大利亚谷×吐鲁番谷”的后代中，首次发现了谷子显性核不育基因，定名为“Ms^{ch}”（用“Ms”表示），并育成“Ch 型”谷子显性核不育材料。李树林等（1985）报道，他们对一直被认为是隐性核不育的甘蓝型油菜雄性不育现象进行了深入的研究，并从复杂的育性表现中找到能使育性分离比稳定为1∶1的遗传模式，而肯定甘蓝型油菜的核不育为显性核不育，并育成“23A”等显性核不育系。张书芳等（1990）报道了在农家品种“万泉青帮”中发现大白菜显性核不育“Sp”，并育成“88-1A”等显性核不育系。

谷子、甘蓝型油菜、大白菜的显性核不育都相继找到了能使其不育性恢复可育的显性上位基因（恢复源），显然就不再是单基因控制的显性核不育。对谷子、甘蓝型油菜、大白菜的不育性进行了深入的研究和分析后，不同的作者都得出来相似的结论：它们的不育性是受二对显性基因上位互作控制的，其中一对是显性不育基因，一对是显性上位基因，当二者共存时，显性上位基因能抑制显性不育基因的表达，从而表现可育；当显性不育基因单独存在时，则表现不育。“Ch 型”谷子显性核不育是通过“澳大利亚谷 × 吐鲁番谷”杂交而来的，原组合的 F_2 只出现 1.05% 的不育株；杂合不育株与恢复系杂交的 F_2 的育性分离表现只有全可育，少量不育株和 3（可育）:1（不育）三种类型，而未出现 13（可育）:3（不育）的分离；且不育基因与上位基因都来自共同的母本澳大利亚谷。“Ch 型”谷子显性核不育的不育基因和上位基因是连锁在一条染色体上，其交换率为 2.25%。李树林等根据甘蓝型油菜的不育株与恢复株杂交、可育株自交后代中出现 13:3 的分离；临保系与不育系杂交并在 F_1 群体内兄妹交，出现 5（可育）:3（不育）的分离，从而认为甘蓝型油菜的上位基因与不育基因是独立遗传的。张书芳等认为大白菜的显性核不育基因与显性上位基因也是独立遗传的，但在试验中没有得到 13:3 和 5:3 的分离资料，他们认为其原因可能是自然界中 Sp 的基因频率太低的缘故。

2. 显性核不育基因的起源

刘秉华（1991）通过对小麦、谷子等显性核不育的研究，首次提出显性核不育基因起源的新假说，这对我国作物显性核不育研究工作在理论上又向前推进了一步。他认为：单基因控制的显性核不育，一般是人工诱发和自然突变的产物，由于显性突变的频率很低，所以这种材料很难发现。而基因互作型显性核不育一般是突变早已发生，对自花授粉作物来说，其花器构造和花粉数量等方面都不甚适合异花传粉，即使在品种中发生了显性核不育突变，也会被自然界选择的压力所淘汰而不能长期存留下来。显性核不育基因要在一个作物和品种的群体中传留下来，最好的出路是与不育基因并存一个能够恢复育性的显性上位基因。在自花授粉作物中，显性核不育基因和显性上位基因都处于纯合状态，二者没有分开的机会。只有与其他材料杂交时，才为二者的分离提供了条件，在杂交后代中就可以选到这种雄性不育材料。所以从杂交后代中分离出的显性核不育材料，一般可以找到恢复系（携带显性上位基因的系），其恢复源（显性上位基因）来自提供显性不育基因的那个亲本。对异花授粉作物来说，在它的品种，特别是农家品种的群体中，既可能存在单基因的显性核不育，也有可能存在基因互作型显性核不育，其根本原因在于有显性上位基因的伴随和异花授粉的特征。对常异花授粉作物来说，出现基因互作型显性核不育的机会较多（在其品种的自然群体、品种的自交后代和杂交后代中都能出现），其原因是它同时具有自花授粉和异花授粉的特点，上位基因的频率较高，加之异花授粉的特征，减少了显性不育基因的丢失。刘秉华（1991）指出：这种既有显性不育，又存在显性上位基因的遗传体系虽然十分稀少，但在自然界中确实存在，只要熟悉这种遗传体系的规律并注意观察，发现这种材料是完全可能的，并且机会远远大于单基因控制的显性核不育。

3. 显性核不育基因的细胞质转换

一般的讲，通过有性过程不能改变细胞核显性雄性不育基因的细胞质背景。朱光琴（1994）报导，他们通过种间杂交和连续置换回交，选育出具有轮生狗尾草（*S. Verticillata*（*L*）Beauv）细胞质的谷子核质杂种，以“Ch 型”谷子显性核不育材料中带有上位基因的植株为父本与上述核质杂种作人工去雄杂交，经选育和检验证实，已将谷子“Ch 型”显性核不育基因导入轮生狗尾草的细胞质中，在其分离后代中选出了具有显性核不育基因的新核质杂种，从而开创了显性核不育基因细胞质转换的先例，为谷子育种、三系选育和细胞质研究创造了一个既可不用去雄，又可提供导源细胞质的新材料，也为研究在不同细胞质背景下显性核不育基因的表达提供了工具，同时可能为基因互作型杂交种选育增添了核质互作优势的新机制。作者等对显性核不育的品种间细胞质转换工作也在进行着。

4. 显性核不育基因在育种实践中的应用

4.1 在常规育种中的应用

显性核不育基因作为杂交工具已在常规育种上普遍应用，特别是太谷核不育小麦和“Ch 型”谷子核不育的报导较多。用作工具可以免去人工去雄的大量劳动，多做杂交组合，这对自花授粉的作物来说，有更重要的意义，它可以提高自花授粉作物的杂交效率几十倍或更多；有了显性核不育，现代作物育种中行之有效的先进方法，如复合杂交、聚合杂交、回交育种和群体改良等就更加方便地应用于自花授粉的作物育种中，从而提高育种水平和育种效率。

显性核不育材料在育种中应用的真正优势是便于开展轮回选择和群体改良。刘秉华等（1981）借鉴异花授粉作物轮回选择的经验，结合太谷核不育小麦的特点，提出了利用太谷核不育小麦进行轮回选择的原理和方法，比较详尽地论述了轮回选择中原始群体组配、群体改良和改良群体的利用等问题。

显性核不育材料能改变自花授粉的传粉方式，它的不育株授以其他品种的花粉，其后代总是分离出一半不育株和一半可育株，通过轮回选择，不育株像个基因接受器，它把外来基因（花粉）最大限度地接受进去，并进行重组，重组后的基因通过后代分离出可育株和不育株。可育株通过自交而纯合稳定；不育株继续接受外来基因，如此循环往复，以致无穷。随着轮回次数的增加，群体中优良基因和优良基因重组体的频率就不断提高。通过丰富的、广泛的基因交流而得到的综合群体，就是一个可供育种利用的“动态基因库”，从中可源源不断的选出优良基因的重组体，再按照常规程序选出优良的杂交品种。

由于太谷核不育小麦在育种上有很好的应用潜力，国内有许多小麦育种工作者都提出过各有特色的轮回选择方案，并不断完善轮回选择的原理和方法，已育出一批小麦优良新品种或新品系，如山西的“晋麦 9 号”、山东的“鲁麦 15 号”和“太 10224”、安徽的“皖 8553”、天津的“TBT1 号”和“轮抗 7”等。胡洪凯、石艳华（1989）参照太谷核不育小麦轮回选择的经验，设计了谷子的群体改良—轮回选择方案，并建立了谷子第一个改良群体，从中选出谷子“轮 1318”等新品系，目前已完成区域试验。

4.2 基因互作型显性核不育在杂种优势育种中的应用

由单基因控制的显性核不育，由于不能解决不育性的恢复问题，因此不能直接应用在杂种优势利用中。基因互作型显性核不育的实用性则更为优越，它既有由单基因显性核不育的应用途径，又可直接应用在杂种优势利用上，从而开拓了杂种优势利用的新领域。

谷子、甘蓝型油菜、大白菜显性核不育的发现者，根据不同材料的特点，都巧妙地设计出一套切实可行的杂优利用方案，如图 1、图 2、图 3。

谷子基因互作型显性核不育根据其不育株在谷子产区花药始终不开裂不散粉，自交不结实，不育性稳定，而在一定生态条件下（北纬 18 度以南地区）部分花药开裂，能收到 6 ~ 10% 的自交种子的特点，获得了全不育群体，首次拓建了“显性核不育纯合一型系，隐性纯合可育系和显性纯合上位系”配套的“三系制种法”。在提高了显性核不

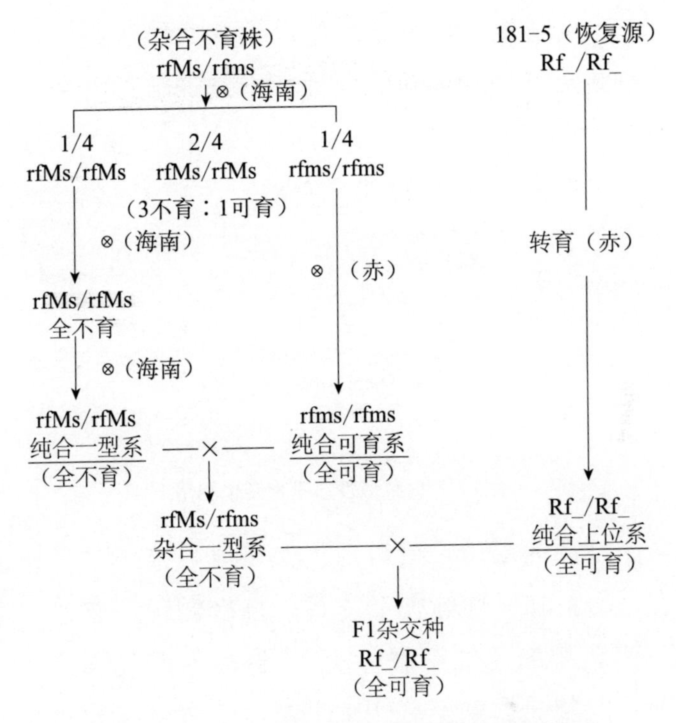

图1　“Ch”谷子显性核不育在杂优育种上的应用

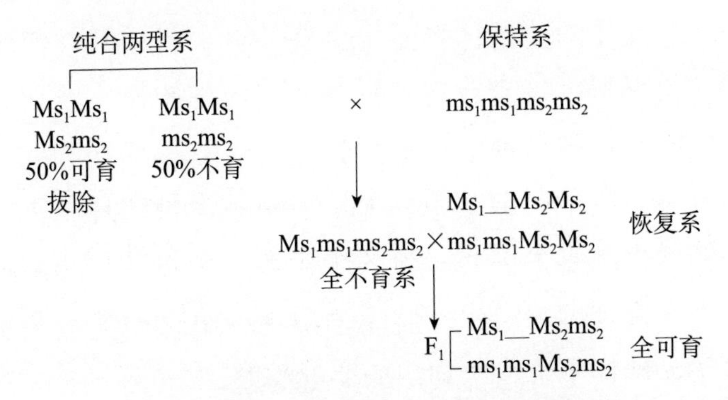

图2　甘蓝型油菜两型系与恢复系制种模式

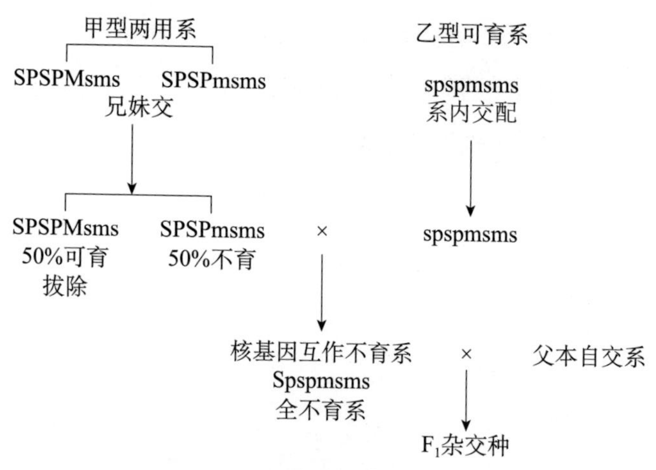

图 3　大白菜显性核不育杂优利用

育纯合一型系的繁殖产量以后，又可以直接用“显性核不育纯合一型系和显性纯合上位系”配套制种，变“三系制种法”为典型的“二系制种法”，且在不育系繁殖（或杂交制种）时都无需剔除显性核不育系中50%的可育株，方法简便、经济。但谷子是一种强自花授粉作物，这种显性基因上位互作的遗传体系是十分稀少的，目前只在澳大利亚谷一份材料中得到或转育得到，因此细胞质来源比较单一；同时在正规品种中很难找到具有恢复育性功能的上位性恢复系，它的恢复系必须通过现有的恢复源进行转育，但转育工作需要人工去雄杂交和多次去雄回交，工作量大，难度高，进度慢。因此，强优势杂交种组合的选育是影响着谷子显性核不育杂优利用的关键问题。

大白菜的生产目的物是营养体，它的第三系是一个不需要有恢复性的自交系，这对选育强优势组合十分有利，强优势组合选出的机会高。目前，已有一批优势组合在生产中应用，已取得良好的效益。

甘蓝型油菜是常异花授粉作物，自花授粉和异花授粉的特点兼有之，其品种的自然群体、品种的自交后代和杂交后代中都能出现显性雄性不育，可以在较短时间内培育出多套不育系。它的上位性恢复系也存在于农家品种和育成品种中，这些品种来源多样，农艺形状优良，因此，强优势组合选出率高。李树林等（1985）报导，用 75 个品种和三个不育系杂交，在 132 个组合中就得到 20 个全恢复组合。因此，甘蓝型油菜显性核不育的杂交种也能很快地在生产中得到应用，形成一定的种植规模，取得良好的经济效益。

甘蓝型油菜、大白菜至今没有获得“纯合一型系”的报道，它们不管用“两系法”或“三系法”制种，都是“两型系”或“两用系”，因此在繁育不育系或制种的某一环节上必须剔除显性核不育系中的 50% 可育株，这当然会影响进一步扩大利用。

5. 我国作物显性核不育研究和应用的前景

目前，世界上已发现显性核不育的 10 种作物 14 例中，在我国发现的有 6 种作物共 7 例，且对它们都进行了深入的研究，在理论上和应用实践上都得到了重要的突破，特别是“矮败小麦”的育成和基因互作型显性核不育的发现，正在开拓着我国作物育种和植物雄性不育理论研究、杂种优势利用的新领域。

由于显性核不育基因的利用，开辟了自花授粉作物群体改良—轮回选择的育种新途径，将越来越显出它在育种实践中的实用价值。在上述几种作物上发现的基因互作型显性核不育的共同特点是，它们都有一个显性上位基因伴随着不育基因的存在，从而解决了显性核不育的育性恢复问题，为显性核不育的杂种优势利用创造了先决条件。我国育种工作者根据谷子、甘蓝型油菜、大白菜显性核不育遗传体系的特点，采用不同的有效方法来获得全不育群体用于杂种种子的生产：甘蓝型油菜采用了“两型系”，大白菜采用了“两用系”，在繁殖全不育系时就剔除了混在不育材料中的50%可育株，这比在制种世代剔除可育株或大田中剔除伪杂种大大减少了工作量；谷子采用了“显性核不育纯合一型系”就根本不存在繁殖全不育系或制种时要剔除50%可育株的问题，其方法更是省工、简便、经济。从而克服了二系法在生产上广泛应用的主要障碍。

研究植物雄性不育的目的在于应用杂种优势，在应用杂种优势中不育系是十分重要的工具，除了利用核质互作型雄性不育系外，利用基因互作型显性雄性不育系同样是一条富有潜力的有效途径。这一途径比之核质互作型雄性不育可能具有以下两个特点：一是这种雄性不育基因发生的频率较高，可能比核质互作不育系容易获得；二是雄性不育系在品种中得到的可能性大，比寻找核质互作不育系其选育过程将可能要简单。根据刘秉华（1991）提出的显性核不育基因起源的观点，显性核不育基因与显性上位基因伴随存在的遗传体系在自然界中确实是存在的，它们或许最初就是发生于同一体系的不同突变，或许在以后由于自然的或人工的杂交而使二者重组在一起。在自花授粉作物中，这种遗传体系中的显性核不育基因与显性上位基因都处于纯合状态，只有在杂交情况下，在杂交后代中才有可能选到这种基因互作型不育材料。所以，在发现一个显性核不育材料（特别是在杂交后代中分离出来的）以后，分别用双亲对不育株回交，测定是否存在恢复性上位基因，以确定是何种显性核不育类型是十分必要的。根据刘秉华（1994）的预测，矮败小麦（包括太谷核不育小麦——作者注）在找到了恢复性上位基因以后，就有可能大规模用于配制杂交小麦。

基因互作型显性核不育的发现和利用还具有雄性不育遗传学方面的意义。它拓宽了选育不育系的思路，使育种家从单个点的不育基因，放眼到二对或二对以上基因及其多种互作方式在杂种优势中应用的可能性。当然，由于不育性受两对或两对以上基因控制，在将不育性转移到其他遗传背景时，转育的难度可能有所增加。所以加强应用基础研究，着力在遗传机理研究上进一步明确各种基因组成及其作用，探查这类互作基因的分布，及其在不同环境条件及遗传背景条件下的反应，从而为科学地利用基因互作型显性核不育材料提供理论依据。

此外，目前在我国已形成一支从事显性核不育研究的科技队伍，他们在这方面卓有成效的工作，将有可能使基因互作型显性核不育成为核质互作雄性不育相互补充的途径，因此，显性核不育的研究值得进一步发展而争取成为我国作物杂种优势利用研究中的另一特色。

参考文献

陈鸿山. 1985. 我国首次发现亚麻显性雄性不育株［M］. 农业要闻（第二集），中国农业科学技术出版社.

邓景扬. 1987. 太谷核小麦［M］. 科学出版社.

胡洪凯，等，1993. “Ch 型”谷子显性核不育的遗传及其应用研究，作物学报：208-217.

胡洪凯，等. 1986. 谷子显性核不育基因的发现，作物学报：73-78.

李树林，等. 1985. 甘蓝型油菜细胞核雄性不育性的遗传规律探讨及其应用，上海农业学报，1（2）：1-12.

刘秉华. 1991. 矮败小麦的选育及利用前景，科学通报（4）：306-308.

刘秉华. 1991. 作物显性核不育基因的分类起源及在杂种生产中利用的可能性，作物杂志（3）：26-28.

刘秉华. 1994. 小麦核不育性与轮回选择育种［M］. 北京：中

国农业科学技术出版社：39-52.

刘秉华 . 2001. 作物改良理论与方法［M］. 北京：中国农业科学技术出版社 .

石艳华，等 . 1989. “Ch 型”谷子显性核不育材料在常规育种中应用途径的探讨，粟类作物（7）：24-27.

王琳清，等 . 1980. 小麦显性单基因控制雄性不育材料 2-2-3 的研究及其利用，中国农业科学：1-8.

颜龙安，等 . 1989. 水稻显性雄性核不育基因鉴定初报，作物学报：174-181.

张书芳，等，1990. 大白菜细胞核基因互作雄性不育系选育及应用模式，园艺学报，17（2）：117-125.

朱光琴，等 . 1994. “Ms^{ch}”的细胞质转换，西北植物学报，第 14 卷第 5 期 .

附录　“赤杂谷一号”的选育

1. 杂交种来源

以268A为母本，R65-2为父本，生产用种需大田制种而来，少量用种可人工手配。

2. 选育原理

用“Ch型”显性核不育谷子的基因体系，由纯合一型系268A（不育系）和纯合上位系R65-2（上位性恢复系）杂交而来。并把显性抗除草剂（拿扑净）基因转到纯合上位系上，因此F_1杂交种具有抗拿扑净的特性，生产大田可喷洒拿扑净进行除草。

3. 选育经过

母本268A为Ch-日龙A与豫谷一号杂交、回交转育四代后，经南繁连续两次自交，于2004年冬，获得全不育群体。2006年冬南繁得到优良的全不育系行268，选出268A

不育系。

2004 年冬南繁，组配杂交组合“R786 × SR3522”（R786 是上位性恢复系；SR3522 是显性抗除草剂基因系，来自中国农业科学院原品种资源研究所），从中选择抗除草剂的优良单株，经 5 个世代的系选（其中每个世代都要进行恢复性和抗除草剂鉴定），2006 年冬南繁，和 268A 测交，2007 年夏观察测交 F_1 的优势和恢复性，选出优势组合 268A × R65-2。

268A × R65-2 于 2009—2010 年参加内蒙古自治区杂交谷子区试，比对照赤谷 6 号平均增产 22.8%。2010 年参加内蒙古自治区杂交谷子生产试验，比对照赤谷 6 号增产 23.8%。2011 年 5 月通过内蒙古自治区种子管理站认定，品种认定及证书编号为：“蒙认谷 2011001 号”。

4. 杂交种的性状

苗色：芽鞘、叶鞘、叶片均为绿色。

植株：单杆型，株型半紧凑，株高 136cm

穗部：粗纺锤形，短刺毛，穗码松紧适中，穗长 35.4cm。

籽粒：圆形，黄谷黄米，千粒重 3.1g。

品质：蛋白质 11.18%，粗脂肪 2.29%，粗淀粉 60.20%，支链淀粉（占淀粉）68.67%，胶稠度 130.0mm，糊化温度 3.7 级（农业部哈尔滨谷物及制品质量监督检测中心测定，2010）。

5. 抗性

中抗谷锈病，抗黑穗病，抗白发病（河北省农业科学院谷子研究所植保室人工接种抗性鉴定，2010）。

6. 适应地区

该杂交种生育期 107 天，适宜于内蒙古自治区呼和浩特市、赤峰市、集宁市、通辽市≥10℃，活动积温 2400～2600℃地区种植。

7. 栽培技术要点

适合于“一水地”和土壤水分较好的旱平地种植；水浇地每亩留苗 1.0 万株，旱平地每亩留苗 0.5 万～0.8 万株；结合耘地每亩施尿素 5kg，结合耥地每亩施尿素 15kg。

8. 制种要点

父母本同期播种；行比 2∶4 或 2∶6；隔离区 200 米；做好花期人工辅助授粉和各期的去杂工作。

后 记

本书出版之时，巧遇作者八十华诞，谨以此书作为作者八十岁生日的自贺礼！

特别鸣谢

（一）

本书的初稿承蒙中国农业科学院研究员、著名小麦遗传育种家、矮败小麦发明人刘秉华先生和陕西省农业科学院研究员、著名谷子遗传育种家、谷子雄性不育和杂种优势利用研究的开拓者、国家“七五”、“八五”作物育种攻关的“谷子杂种优势利用研究”专题主持人朱光琴先生二位审阅，并提出宝贵修改意见和作序。作者在此表示衷心的感谢！

（二）

赤峰市老科学技术工作者协会对本书的撰写和出版给予了热忱的鼓励和支持，并大力资助。作者在此特别鸣谢！